郑丽娜 / 著

U0745790

T/H/I/N/K/I/N/G/ A/B/I/L/I/T/Y

# 思考力

熟读精思

子自知

中国出版集团　现代出版社

**图书在版编目(CIP)数据**

思考力:熟读精思子自知 / 郑丽娜著. —北京 : 现代出版社,2014.2
(2021.3 重印)

(身心灵魔力书系)

ISBN 978 - 7 - 5143 - 1822 - 7

Ⅰ. ①思… Ⅱ. ①郑… Ⅲ. ①散文集 - 中国 - 当代
Ⅳ. ①I267

中国版本图书馆 CIP 数据核字(2014)第 022267 号

| 作　　者 | 郑丽娜 |
| --- | --- |
| 责任编辑 | 王敬一 |
| 出版发行 | 现代出版社 |
| 通讯地址 | 北京市安定门外安华里 504 号 |
| 邮政编码 | 100011 |
| 电　　话 | 010 - 64267325 64245264(传真) |
| 网　　址 | www.1980xd.com |
| 电子邮箱 | xiandai@ cnpitc. com. cn |
| 印　　刷 | 河北飞鸿印刷有限责任公司 |
| 开　　本 | 700mm × 1000mm　1/16 |
| 印　　张 | 11 |
| 版　　次 | 2014 年 2 月第 1 版　2021 年 3 月第 3 次印刷 |
| 书　　号 | ISBN 978 - 7 - 5143 - 1822 - 7 |
| 定　　价 | 39.80 元 |

# P 前 言
## REFACE

为什么当今时代的青少年拥有幸福的生活却依然感到不幸福、不快乐？怎样才能彻底摆脱日复一日的身心疲惫？怎样才能活得更真实快乐？

在英国最古老的建筑物威斯敏斯特教堂旁边，矗立着一块墓碑，上面刻着一段非常著名的话：当我年轻的时候，我梦想改变这个世界；当我成熟以后，我发现我不能够改变这个世界，我将目光缩短了些，决定只改变我的国家；当我进入暮年以后，我发现我不能够改变我们的国家，我的最后愿望仅仅是改变一下我的家庭，但是，这也不可能。当我现在躺在床上，行将就木时，我突然意识到：如果一开始我仅仅去改变我自己，然后，我可能改变我的家庭；在家人的帮助和鼓励下，我可能为国家做一些事情；然后，谁知道呢？我甚至可能改变这个世界。

的确，在实现梦想的进程中，适当缩小梦想，轻装上阵，才有可能为疲惫的心灵注入永久的激情与活力，更有利于稳扎稳打。越是在喧嚣和困惑的环境中无所适从，我们越觉得快乐和宁静是何等的难能可贵。其实"心安处即自由乡"，善于调节内心是一种拯救自我的能力。当人们能够对自我有清醒认识，对他人能宽容友善，对生活无限热爱的时候，一个拥有强大的心灵力量的你将会更加自信而乐观地面对现实，面向未来。

本丛书将唤起青少年心底的觉察和智慧，给那些浮躁的心清凉解毒，进而帮助青少年创造身心健康的生活，来解除心理问题这一越来越成为影响青少年健康和正常学习、生活、社交的主要障碍。本丛书从心理问题的普遍性着手,分别描述了性格、情绪、压力、意志、人际交往、异常行为等方面容易出现的一些心理问题,并提出了具体实用的应对策略,以帮助青少年朋友科学调适身心,实现心理自助。

# C目　录
ONTENTS

## 第四章　用正向思考力演绎人生

## 第五章　思考自己的定位

## 第六章　考虑好了再做才能成功

# 第一章
## 思考让人生更上一层楼

　　"学而不思则罔,思而不学则殆",独立思考其实是人固有的特性之一。特别是面对迷惘混乱时,我们更需要时刻提醒自己保持独立思考,将思考作为自身的一个重要手段来掌握,以便尽力使自身素质上升到更高的境界。只有善于思考和研究问题,眼界才能更加宽广,思路才能更加清晰,方法才能更加丰富。爱尔兰作家萧伯纳曾说:"难得有人一年会思考二三次以上,我则因一星期思考一两次而博得了国际声誉。"由此可知思考的重要作用。

# 天才都是爱思考的人

名垂科学发展史册的科学家们并非注定是天才。仔细翻阅他们的生平记载,就会发现他们具有一个非常有趣的共同特点:对思考极端投入。他们常常专注于某一问题,并在投入中寻找答案。也就是说,他们都是调动100%脑细胞进行思考的人。

由此可见,如果仅凭较高的智商而没有投入性思考,他们是无法取得骄人成绩的。事实上,纵观科学家们的工作态度和研究方法,你会明白:与高智商相比,全身心地投入思考对解决科学问题起着更为重要的作用。

韩国科学文化研究所李仁植所长在《朝鲜日报》"趣味科学"专栏中,曾明确地揭示了天才与罪犯的差别:

"研究天才之谜的认知科学家们发现,无论天才还是罪犯,解决问题的方式都会经历相同的过程。换句话说,天才和普通人的智商并非在质而是在量上存在差别。"

## 牛顿:废寝忘食的思考者

据说,在回答"如何发现了万有引力法则"时,牛顿轻描淡写地说:"因为我一直都在想那个问题。"简单的回答,揭示了探究科学问题所必需的最关键因素。牛顿所说的"想"不是一般的"想",而是投入性思考的"想"。

《牛顿传》一书,详细地介绍了牛顿独特的思考方法。他一旦关注某个问题,就会达到废寝忘食的程度,常常将盛满食物的餐盘搁置一旁,成了日渐发福的爱猫的佳肴,甚至到了天明,还浑然不知已熬通宵。特别是当解决了某一难题时,沉浸于满足感而全然不知伤身的后果。即使在年事已高时,牛顿对研究问题的热情也丝毫不减。若想把他请到餐桌前,至少要提前30

分钟开始叫他。就是坐在餐桌前，他也常常只顾阅读而忘记用餐，晚餐被他作为次日早餐的情况时有发生。牛顿的投入性思考往往持续几个月、甚至几年，直到解决问题为止。

经常进行投入性思考的人，生活方式也会与众不同。因为投入性思考与社交活动实在无法两全。进行投入性思考，就会对所关注问题以外的事情失去兴趣。缺少必要的社交活动，难免在待人接物方面产生一些不足。这正是热衷于投入性思考的人容易出现而应注意避免的问题。

牛顿是个远离社交活动的人。他总是与研究亲密相伴，也几乎从不外出访客，与他交往的人总共不过两三个，从未有人见过他有什么业余爱好。他在剑桥大学凯恩布鲁斯学院担任鲁卡斯化学实验室的客座教授，除了在学校参加必要的研究活动外，几乎所有时间都在家里研究问题。

## 帕因曼：脑子里灌满了微积分的大学教授

以物理学"传染好奇心"讲义而闻名的理查德·帕因曼，有许多逸闻趣事流传于民间。他是一位因在重新确立量子力学方面的贡献而获得诺贝尔奖的伟大科学家，但在日常生活中却是个"愚笨之人"。

据帕因曼的传记《天才》介绍，他的第一任妻子去世后，他与一位叫玛丽·露的女子结婚。但是他们的婚姻没能持续多久。喜欢社交活动的玛丽·露与帕因曼就像一套不般配的服装。结果，他们不得不离婚。当时，玛丽·露在法庭上陈述的内容见诸美国的一些新闻报道，使那些只专注于自己事业的科学家们的生活方式，一时成为好事者街谈巷议的话题。也许是因为科学家们的日常生活从未披露，所以越发激起人们的兴趣吧。

读《在床上演奏洋鼓运算微积分的大学教授》一文，帕因曼的日常生活便可见一斑。"早晨一醒来就开始在脑子里运算微积分，无论是驾车还是坐在客厅里，甚至躺在床上了还在做微积分运算。"

对喜欢社交的玛丽·露来说，帕因曼的生活习惯明摆着是令她感到漫长而痛苦的。

"物理学是我唯一的爱好，它既是我的工作，也是我的娱乐，看了我的笔记本就会明白，我常常思考关于物理学方面的问题。"

正如帕因曼所说,充满好奇心的他,对待物理学的态度与众不同,物理学就是他生活的全部。

## 爱迪生:浪迹天涯的天才数学家

为了探求科学真理,有时需要漂泊四方,广泛认识世界。但工作和生活大都要求定居某一地方,这某种程度上是一种束缚。因此,有一位数学家不惜辞去美国著名大学教授职务,云游四方,用毕生的精力去探究各种问题。他就是世人所称的"浪迹天涯的数学家""来自火星的数学家"——匈牙利人保罗·爱迪生。

爱迪生一生共发表了一千多篇论文,每篇论文都相当于一般数学家或许耗费一生才能完成。阅读他的传记就清晰可见,他毕生始终保持着全力思考的状态。他把一生献给了数学,既没有娶妻生子,也没有固定的职业和业余爱好,甚至居无定所。因此他不受任何羁绊,只是一门心思到处寻找感兴趣的数学问题,发现新的数学人才。他游历世界,从大学到研究所,再到大学,四海为家。他每天至少花费 19 个小时来思考数学问题或著书立说,给世人留下了 1475 篇不朽论文,这些论文至今仍在启发后人。

**魔力悄悄话**

天才和普通人的智商并非在质而是在量上存在差别,那就意味着科学家们所取得的成绩,仅仅是依靠他们付出了比常人更多的努力。天才就是那些对某一问题具有与众不同的热情,并能够持续进行极端的投入性思考的人。

# 想要学习好思考离不了

我读初三时，从平时就强调思考重要性的哥哥那里听到了一件事，完全改变了我的学习方法。有一家叫作"爱天普尔"的习题银行，专门编制一些数学题及相应答案卖给准备升学考试的学校，我们所使用的习题集或参考书中的很多习题都出自这家银行。这对于当时的我来说是一件很惊奇的事。一想到每一道数学题都是由专家精心编制，而且以非常贵的价格出售，就觉得很新奇。

受这件事的启发，我有了一点奇怪的想法：既然习题是投入大量精力编制的，说明其具有一定的价值。但是，答案一并销售却会使其贬值。若解题而不看答案，我会感到获得了习题的真正价值；如果因为难度而放弃独立解题并查看答案，就会使习题的效果大打折扣，甚至感觉该题目的价值为零。

受这件事影响，我养成了一种习惯——再难解的题目也尽量独立解题不看答案。即使遇到完全不懂的题，我也要至少花 5～10 分钟时间努力解题。当然，在这段时间里有时能够解题，有时一无所获，但这样的经历给我带来了别样的乐趣。

刚开始面对题目时也有茫然和压抑的时候，但只要努力思考，就能发现解题的线索，这样做习题就像做游戏一样乐趣无穷。如果提前看了答案，就输了这场游戏。因此，若不想在游戏中失利，就要持续不断地思考。

遇到实在难解的题目时，我偶尔也会看答案，但这时就觉得自己是游戏的失败者，后悔没有将独立思考坚持到底。这样的两方面经历，促使我无论遇到多难的题目也不看答案了。遇到难题花上 10～20 分钟思考已是小事一桩，甚至花几个小时解题也是家常便饭。如果用了几个小时也解不开，就把它装在脑子里随时思考。

对不懂的题目思考几个小时或几天都在所不惜，而且在为解题而调动一切思维的过程中，我的数学解题能力迅速提高。通过与许多题目打交道，我还练就了从容不迫思考问题的方法。这样积累下来的经验,使我越来越熟练地应对难题,理性思考能力不断提高。这样的学习习惯无疑成了日后投入性思考的基础。

## 长期思考终有结果

解难题需要消耗较长的时间,对此要有心理准备。如果觉得题目太难,先努力使心情平静下来,不要徒耗时间,要有即使花一生来思考也要解决此题的决心。此时放慢思考的速度则有利于解题或获得思路,在长期与问题打交道的过程中不容易感到疲劳。

研究人员大都认为,长期与难解的问题打交道,是挖掘自我潜能的最有效途径。在提高思考能力、创新能力和研究能力方面,没有比这更好的方法了。因此,一个人如果在中学时代就能养成这样良好的学习习惯,对将来从事研究活动是非常有益的。

刚开始面对问题却不知从何入手而产生畏难情绪时,不要放弃,坚持思考就会激活大脑的创造性,使大脑持续地做极限运动。只有执着地追逐难解的问题,大脑才能被充分调动起来并发挥最大潜能。但是,如果只依赖学过的知识而不注意开发自身的创造性去解决难题,这样的学生,其思考能力不易提高。因为他们只能解做过的题目,对于新题目则不会解。长此以往,如果养成了这样的学习习惯,面对没有经历过的问题,就会主观地断言超出了自身能力。这是一种自我束缚的行为。在这种模式下,很难以提高思考能力和创新能力。其结果,会使人们在没有充分挖掘自身巨大潜能的情况下度过一生。

## 助长思考力的问题

如果努力求解了一星期还找不到答案,人会感到失落,对这个问题是否值得自己耗费那么多时间和精力产生怀疑。这时不要灰心,要告诉自己这是需要采取特殊方法才能求解的难题,需要经过反复求解才能找到答案。

通过几次这样的经历，我找到了难度大、需要长时间思考的问题的价值。其方法就是对即将要学习的新内容，不经预习直接做练习题。这种情况下，问题的难度迅速提升，此时因为还不清楚一些术语的定义等相关内容，需要从一两个较容易的题目入手来推断术语的含义，然后再接触难题。这样的提前预习方式，有助于站在出题者的角度思考问题。这种教育方法是很早以前美国著名教育家约翰·杜威（John Dewey）提出来的。他强调这种方法对于提高学习兴趣和动机具有卓越效果。

这种方法具有多种益处：长时间地坚持思考，会产生超出常人的解决问题的自信心；通过预先创造一个自我思考的机会，完全理解即将学习的内容，比通过课堂讲解往往更有效果。

## 魔力悄悄话

初中生能解微积分题并不能说明他们是天才，只要教授了解题方法，谁都可以找到正确答案。真正的天才是通过独立思考找到正确方法的人。经常独立思考非常重要。

# 多思考才有创意

现代教育中都强调创意性,却无法找到发挥创意性的要领。以下就介绍能够开发创意性的学习方法。

创意性是指挖掘新事物的创新能力。这里所说的"新"要具有实用性或效用性。再奇异的想法,不切合实际就没有意义。怎样学习才能发展创意性,是个非常重要的问题。答案是,为了发展创意性,就要进行很多创意性的努力。

我们总把创意性和创意性努力想得很难。这里我概括地讲一讲创意性和创意性努力。

首先,该如何对创意性努力下定义呢? 某人解开了无人能解决的问题,可以说此人有创意并进行了创意性努力。这时,稍稍提高问题的难度,这个人可能无功而返。虽然是同一个人,却没有得出创意性结果。那么,你能说此人没有进行创意性努力吗?

爱因斯坦在长年累月不断思考的过程中,经过 99 次错误而第 100 次才得出正确答案。那么 99 次错的情况下都没有进行创意性努力,第 100 次得出正确答案时才算进行了创意性努力吗? 很显然,只依据结果来判断是否进行了创意性努力是错误的。那么我们可以这样说:"创意性努力是指从最初不知道解决问题的状态出发,为寻找解决问题的方法而努力的活动。"当然,因为人的能力差异,任何问题的解决都会出现两种结果。但是,即使没有解开问题,其过程也应视为个人的创意性努力。

努力解开超越自身能力、有较高难度问题的活动,至少我个人认为是创意性努力。

问题简单就容易解决,问题复杂就难以解决。只要为解决超越个人能力的问题而努力,不管有没有得出实质性结果,都具有重大的意义。因为,为了解决高难度问题,就要充分调动高于平时的思维系统。在思考高难度问题过程中,才能发挥创意性。

但是,那些相对简单、初步接触就轻易找到解决方法的问题,对发展创意性毫无帮助。这种情况不能视为进行了创意性努力。

## 魔力悄悄话

将努力解决超越自身能力问题的活动定位为创意性努力,经过多次反复试验才能得出创意性结果,创意性才能得到发展。即把努力解决未知问题本身定位为创意性活动,才能提供发展创意性的条件。正是在这种条件下,才能培养人们解决高难度问题的与众不同的能力。

# 投入性思考比天资聪颖更重要

在科学家取得伟大发现的过程中,投入性思考比天资聪明起了更重要的作用。对一般人而言,平时能够达到投入状态也具有非常重要的意义。投入性思考不仅能快速提升智能,也能提高学习效率和工作效率。学生通过投入性思考训练解数学题,能迅速提高数学水平;职场人员进行投入性思考,可以极大地增强业务工作的实效性。

学生进行投入性思考,主要是在考试前和考试期间。这种情况下的投入,通常诱发于危机状况。最艰难而痛苦的事情,莫过于考试临近,却总是心情涣散难以投入到学习之中。此时虽然担心考试,但因投入程度低而百无聊赖地艰难度日,危机感达到了顶点,与此同时,投入程度得到提升,开始专注于学习了,从而降低对学习的逆反心理。这是投入性思考产生的快乐在起作用了。

即使是因考试的压力提高了投入程度,在此状态下做任何事情都感到有趣,如与朋友聊天、看一般的电视节目或读平庸的小说等等。提高投入程度不仅能提高学习效率,做任何事都能感受到乐趣。当然,与学习无关的活动会降低投入程度,这之后若想再度提高投入程度,就需要经过一段艰难的过渡时间了。

投入程度较高的状态与假期中经常处于较低投入程度的状态形成鲜明的对照。假期中,因为放松而变得懒散,经常是日上三竿还在睡懒觉。并非由于状态良好或心情舒畅,只是因为懒而已。在这种状态下,看电视没意思,读小说也无趣。这说明,投入程度低时做什么都没意思。于是为了提高投入程度就要寻找刺激,如制造假设的危急状态,去游乐场或观看恐怖片等。

在学习过程中慢慢思考是自觉提高投入程度的最好方法。首先放松身体坐在舒适的椅子上,闭上眼睛把要学习的内容慢慢思考 10 多分钟,将大脑脑波诱导到阿尔法波状态。然后从难度小的内容开始,缓慢地推进,充分消化学习内容;逐渐增强投入程度。放松身体坐在舒适的椅子上,维持阿尔法波状态慢慢思考,既容易提高投入程度,也可以长时间学习而不感觉疲劳。在学习过程中如果困了,顺其自然入睡就是了。在努力提高投入程度的过程中,要警惕无关事情对投入的破坏。例如,投入程度提高到一定阶段时,上网或看电视等都会明显降低投入程度。

## 高度投入状态下的学习效果

在高度投入状态下看书或写论文,解读和掌握学习内容程度之深和速度之快,与平时不可同日而语。以前不完全明白的问题,现在都可以准确理解。已经熟知的内容,现在有了更进一步的理解,并明白了与其他知识的关联性。知识的系统化可以扩展人的视野。

在高度投入状态下多读、多写,可以在短时间内掌握大量知识。我在投入状态下的几年间所掌握的知识和概念,比在整个大学和研究生期间都多。更为有趣的是,在投入状态下掌握的知识,很多是书本里没有说清楚的内容。这些知识都是为了解决问题而从基本知识中演变的,就像数学中演绎定理一样,公式明显成立却没有在教科书上提及。这些是书上没有、别人也完全不知晓的,成为我解决相关问题的强有力工具。利用这样的工具很容易找到问题的答案,显示出有别于他人的能力。

## 为初次尝试者提供的思考能力训练方法

初次尝试者在进行思考能力训练时,最好选择比较容易的问题。因为对于思考能力没有经过系统训练的人来说,一下子接触难题会压力过大而使专注程度降低,甚至可能破坏学习兴趣。

例如,对于难度较低的问题,有时仅仅通读一遍就能解题,有时拿起笔经过几次演算也能解开。但以这种方式学习,大脑几乎不活动,学习效果也差,更别指望提高思考能力。

在这种情况下，为了增强大脑活动、提高思考能力，就要先充分阅读题目，完全理解题意，之后掩盖题目，安静地坐着，集中精力思考该问题。合上了书本无法再看到题目，问题的难度自然就增加了，使你必须开动脑筋。当然，对于题目中的内容没有记清楚的部分可以打开书看一下。

像这样读完题目后将题掩盖，仅以思考的方式解题，所花费的时间会增加，但是因为难度不高，不会造成太大的压力。一直思考到浮现解题对策或构想为止，此后剩下的就是单纯的计算。因此，对策或构想浮现后再打开书本对照题目加入具体数值经过计算得出答案。这一单纯计算过程虽然不需要高度的大脑活动，但若省略了这一过程，会导致计算经验欠缺，在实际考试中失误率增加，所以还是亲自体验为好。

魔力悄悄话

初次尝试者以这种方式学习，可能会感到隐隐的头痛，这说明在运用大脑的过程中不知不觉间过于紧张了，此时还是慢慢思考为好。因为慢慢思考不仅不会令人疲劳，还会提高专注程度，从而使人享受思考。当然，对于容易的问题，慢慢思考会比快速思考耗费更多的时间，但是充分进行慢慢思考训练是向更高阶段发展的必由之路。

# 思考是激发才智的力量源泉

如果不让小朋友借助手指数数的话,问题的难度会迅速增加,要求小朋友必须进行更高水平的思考。采用小朋友不感觉厌烦的方式并以适当的难度进行解题训练,小朋友的思考能力会以惊人的速度提高。再给予适当的鼓励,进一步增加难度,小朋友会感受到乐趣反而会主动要求你继续出题。

像这样从小就进行调节难度的高水平思考训练就是英才教育。请记住:提升思考能力、体验思考乐趣的教育越早越好。但是,单纯灌输式的教育方法,即使是从娃娃开始也绝不可能成为英才教育。

大部分人从小学开始到大学或研究生,大约 20 年的时间在进行类似的学习,通过这样的学习掌握知识。但是这种学习方式,很难被评价为是独创性的、有用的。因为在互联网发达的当今社会,几乎所有的知识都是公开的,谁都可以获取。

能够被高度认可其价值的,只有思考能力、创新能力和解决问题的能力,这些能力重要到无论怎样发展都没有满足的程度。因此,在 20 年的学习期间,通过自觉思考解决未知问题的训练可以极大增强思考能力和实践能力,相信不会有比这更好的学习方法了。

遗憾的是,现在以升学为主导的应试教育,没能摆脱灌输式的教育模式。学生为了通过考试而死记硬背书本上的内容,但步入社会,需要解决的却是复杂多样、难以预测的问题。

在学校学到的知识能够直接运用于工作的凤毛麟角,要想在复杂情况下运用自己掌握的书本知识和原理,没有思考能力的支撑,知识的实际应用价值迅速贬值。

况且,在实际工作中可以手捧书本运用知识,也可以利用图书馆的文献或互联网。这与考试不同,在社会工作中最大限度地动员、参考、使用必要的信息资源是非常正常和理所应当的事。所以,没有必要将书本上的内容全部铭记在大脑里,因为难题靠单纯的知识是无法解决的。要解决问题,就要运用已经掌握的基本原理,发挥高水平的思考能力或创新能力。


## 塑造数学天才的执着意志和勤奋

历史上杰出的科学家中,以笃学开创新领域的人很多。对某方面知识不依赖于求教而靠自我领悟,自然要经过大量的思考。仅从这一点来说,笃学也可以成为英才教育的一个方法。

牛顿取得了包括微积分在内的许多数学方面的巨大成就,但他在上初中前都没有接触过数学。

阅读牛顿的有关传记,就知道他是怎样自学几何学的。他研读笛卡儿的《几何学》时,遇到了无数难题,每读几页就会有无法理解的问题成为拦路虎。每当此时他都展现了执着、勤奋和顽强的意志,他会毫不犹豫地将书翻回到第一页从头再来。用这样的方式学习,在没有向任何人求教的情况下精通了全部内容。

思考 1 分钟的人,能解决 1 分钟的问题;思考 60 分钟的人,则能够解决高于前者 60 倍难度的问题;思考 10 小时的人,就能解决高于前者 600 倍难度的问题;连续 10 天每天思考 10 小时的人,则能解决高于前者 6000 倍难度的问题;思考 100 天的人,则能解决高于前者 6 万倍难度的问题。

如果将那些能解决难度超过常人数十倍甚至百倍的问题的人称为英才,解决数千倍甚至数万倍难度的问题的人称为天才的话,那么天才和普通人之间的智能差异并非质的问题而是量的问题。英才教育就是给孩子们出难度高的问题,启发和引导他们长时间思考,最终自己解决问题。

教育的效果通常在 10 年或 20 年以后显现,所以判别某一种教育方法好坏并非易事。但是,如果同一位教师培养出多位杰出人才,就很容易推断教育方式的效果了。


## 英才教育的先驱——拉兹洛·拉茨

拉兹洛·拉茨只是一名高中教师,但他培养了众多的杰出科学家。布达佩斯鲁特桥的数学教师拉茨拥有一套与众不同的教育方式,核心方法有两个:一是他善于发现孩子们的才能,并加以信任和栽培;二是他给孩子们提出特殊的问题,使他们比其他孩子得到更多的训练。

而且,他每月还在校内的数学杂志上刊载新的问题,给孩子们提供一种智力刺激。这些问题的难度足以令高中生投入一个月的精力才能解决。孩子们为了解答这样的问题就要进行竞争性的投入性思考。这样的经历让孩子们养成带着高难度问题持续思考的习惯,同时开发了他们深入、敏锐地思考问题的能力。因此,这些孩子日后成为科学家或数学家也就不足为奇了。

1963年获得诺贝尔物理学奖的维格纳曾说,他是因为高中时的数学老师拉兹洛·拉茨才对数学感兴趣的:"大概不会有哪一位老师能够像拉兹洛·拉茨老师一样,启发学生思考问题的意识。"而且他认为拉兹洛·拉茨老师改变了他的人生。

现代计算机理论的最初提出者——数学家约翰·本·诺依曼、被称为原子弹之父的物理学家雷欧杰拉德、氢弹之父埃德维德泰勒也都曾得到拉兹洛·拉茨老师的教诲。传奇数学家鲍尔·爱迪生虽然没有直接受教于拉兹洛·拉茨,但他坚持解拉兹洛·拉茨老师每个月在校刊上提出的问题。这些英才的成长经历说明拉兹洛·拉茨老师的教育方式是英才教育的范本,具有令人刮目相看的价值。

## 诺贝尔获奖得者们的物理老师——巴德

另一位成功的英才教育家是物理学家理查德·费曼和朱利安·施温格的高中物理老师巴德。巴德用有趣、真实的物理问题,给施温格提出了最小作用原理(least actionprinciple),几年后给费曼提出了同样的问题。后来费曼和施温格都因最小作用原理的相关成就获得了诺贝尔奖。从中我们不难看出巴德的影响力发挥了很大作用。费曼对巴德是这样回忆的:"有一天下课后,巴德老师把我叫到跟前说:'我看你上课时精力不够集中,给你出一道有趣的问题吧。'我被那个问题完全迷住了,而且至今都为那个问题着迷,那个问题就是最小作用原理。"

费曼是典型的以投入性思考解决物理学难题的科学家。他不否认自己的这种心态与他小时候的思考训练以及思考习惯有关。费曼因其忠实地追随巴德的特别教育方法，因此成为杰出的诺贝尔奖获得者。

**魔力悄悄话**

这个故事告诉人们，给智力突出的学生出一些具有一定难度的问题，引导其持续地深入思考，对于挖掘创新能力和思考能力具有巨大的影响。

# 向犹太人学习实践投入性思考

　　留意一下被誉为历史上最成功的英才教育家——拉茨和巴德所在学校的背景,就可以发现一个共同之处:拉茨在匈牙利布达佩斯任教的学校和巴德在美国纽约任教的学校,都是犹太人的学校。在搜集英才教育资料的过程中,我发现了犹太人的教育特征。

　　犹太人的教育是最理想的教育模式——从小培养孩子们的思考习惯,引导其不断地思考,最终把他们培养成为能够进行投入性思考的人。

## 包揽诺贝尔奖的犹太人

　　据说目前全世界约有 1400 万犹太人,美国有 590 万人,在以色列生活着 530 万人,其余散居在世界各地,略少于韩国首尔及近郊区的人口之和。可是诺贝尔奖获得者中有多少犹太人呢? 从 1901 年诺贝尔奖设立至 2006 年,获得诺贝尔奖的犹太人就有 173 人,占全部诺贝尔奖获得者总数的 23%。获奖领域主要是物理、化学、医学、生物学和经济学,和平奖和文学奖的比例相对偏低。如果只看自然科学和经济学领域,则超过了总数的三分之一,着实令人惊叹!

　　此外,美国常春藤大学教授中犹太人占 20%,世界上的富豪中有 20% 是犹太人。经济界有分量的人物也比比皆是:前任美联储主席埃伦·格林斯潘,放弃古德曼董事长之职而出任美国财政部长的罗伯特·鲁宾和亨利·鲍尔森,还有兼任哈佛大学校长的劳伦斯·萨默斯财长,谷歌创始者之一谢尔盖·布林,纽约市长迈克·布隆伯格,前国务卿麦德林·奥尔布赖特等,都是美籍犹太裔。在美国的学术界、财经界和政界到处都有犹太人的身影。这样看来,认为犹太人重视集团教育也不无道理,"犹太人的教育等于英才教育"的结论就成立。

## 犹太人教育的七种特征

犹太人社会到处都有被称作"拉比"的指导者。拉比在犹太人中处于最高尚的地位,所有人都希望成为拉比。要想成为拉比,最重要的条件就是脑子要非常聪明,被选定为拉比的人必须向众人布教。指导者和受众在如此相互沟通中产生的作用,使全体犹太人逐渐成为更加聪明的集团。

这种良性循环很好地体现在他们的教育中。犹太人的教育方式是非常聪明的拉比们的智慧结晶,是以《旧约圣经》为基础,经过很长时间发展起来的。世界任何一个国家都没有犹太人那样标准化的子女教育体系。犹太人教育子女的特征可以归纳为以下七个方面:

### 1. 母亲承担教育子女的义务

特别是依据宗教的教义,犹太人母亲们自豪地认为唯有女性是最初的教育者,教育子女的义务当然非女性莫属。英语中"Jewish Mother(犹太人母亲)"所具有的几种含义,之一就是"向子女灌输学习必要性到极致的母亲"。

### 2. 父母不给子女添负担

他们认为做父母的至死都要履行义务,即使年老生病也不给子女添麻烦。他们教育子女从父母那里得到多少就向下一代付出多少,把以付出作为代价换取子女回报当作羞耻。父母只是给予,子女只是接受。这与我们的思维方式完全不同。我们常常认为父母给予了多少,子女就应该回报多少。

这种思维方式会极大改变教育的观念和方式。韩国的父母们为子女教育甘愿付出,固然是为了子女将来有良好发展,但也不排除若干年后指望子女赡养晚年的传统观念。在韩国,子女出人头地就意味着父母可以养尊处优。这样一来,较高教育热情的长期目标是出人头地,短期目标是考取名牌大学,对于提高思考能力的教育方式就毫无兴趣了。正是这样的观念导致了我们虽然有不逊于犹太人的教育热情,却没能在科学领域产生一位获得诺贝尔奖的人。

### 3. 教导多动脑筋生活

犹太人从小就被灌输一种理念,那就是要想活得像个犹太人,就要动脑筋而不是仅凭体力,让他们从小就明白不断思考的益处。这些孩子并不是天生聪明,而是接受一种使大脑变得聪明,即引导孩子们经常开动脑筋的教育。他们把这种理念写进犹太人的圣典《塔木德》,以故事的形式流传下来。

犹太人认为向学生传授知识不是目的,让学生将学问变成自己掌握的方法才是教育的目的。他们不搞"填鸭式"教育,而采用弄懂原理、提高思考能力和应用能力的教育方法。犹太的孩子就是在这样最大限度地运用大脑的环境中成长的。据说这种摒弃"填鸭式"教育模式的犹太人教育,甚至连乘法口诀都不要求背。

### 4. 为引导思考而持续提问

犹太人教师一般以对话、设问、讨论等形式为主进行教学。《塔木德》中说,作为老师,绝不能只顾喋喋不休。因为,如果孩子们只是在那里默默地听讲,就无异于鹦鹉学舌了。在教师授课时,孩子们一定要针对教师所讲的内容进行提问。无论是何种问题,都会伴随着师生间频繁的一问一答而增强教学效果。

作为犹太人教育之核心的对话教学法,要求教师或父母具有相当的耐心。比如,当孩子在玩具店吵闹着要买玩具时,父母无论花费多少时间,也要耐心地向孩子说明不能买的理由,同时也要认真听取孩子所说的话。在课堂上,教师的讲解一旦结束,学生们就不断地提问并交流。接受这种教育的孩子们,就自然而然地习惯提问和对话了。

### 5. 反复体验"学习似蜜甜"

若想使孩子们不厌烦学习或上学,就要让他们体验到"学习似蜜甜"。犹太人的小学教师们会在一年级新生面前,用沾了蜂蜜的手指写出 22 个希伯来语字母,然后说:"从现在开始,你们所要学习的,都将从这 22 个字母出发,那将如蜂蜜般甜美。"有的学校会给全体新生送一份蛋糕,在乳白色奶油覆盖的蛋糕上面,还用糖稀写着希伯来语字母,孩子们在教师的引导下一边用手指摸索着糖稀的字母，一边品尝着甜美的滋味。这也是一种以实物证明"学习似蜜甜"的好方法。

### 6. 强化民族优越感

犹太人常常向孩子们灌输"优生民族"的自豪感和信念，并且一有机会就给孩子们讲有关犹太杰出人物的故事。物理学界、思想界、经济界、艺术界等等，几乎各个领域都有很多功成名就的犹太人，以及他们创造的丰功伟绩，这使犹太人有一种强烈的民族自豪感。

当然，与民族优越感相伴的，是他们经历的苦难历史，也是重要的教育内容之一。他们将奥斯威辛集中营里死难同胞的悲惨景象，原原本本地展现给孩子们，让孩子们从小就清醒地认识到绝不能让悲惨的历史重演。

对于饱尝长久失去国家、历经艰辛生活的犹太人来说，民族优越感或许是支撑他们的精神支柱和维持命脉的力量源泉，提供了与民族信念相结合的根深蒂固的自信心。自信心可以帮助人设定高远且明确的人生目标，充分调动身体机能的指向目标。

另外，在幼年时代了解惨痛的历史，会起到在精神层面令人成熟的巨大作用。通过这样的教育所获得的思想深度和精神上的成熟，会令人终生不懈怠，绝不走放荡不羁之路，也不会满足于小的成就而止步，而会催人向着人生的更高目标不断努力。从这个意义上来看，犹太人的早期教育是一种将民族优越感与对痛苦历史的认识有机结合起来的教育方式，起到了提升人生目标的作用。

### 7. 通过教义传授教育哲学

所有犹太人母亲都通过《塔木德》《托拉》这样的犹太教经典，以统一的教育哲学和方法来教导孩子们。她们将众多拉比的智慧累积为理想化的子女教育模式，并将其编成故事代代相传。这种教育特征是犹太人独有的。并不止家庭或母亲重视思考能力培养，学校和全体教师都秉承一致的哲学而进行重视思考能力的教育。

Tips

## 提高思考能力的提问式教育

针对已经学习了四边形面积知识,准备学习三角形面积的四年级小学生,一般的授课方法是,老师直接告诉孩子们:因为三角形是四边形的一半,所以三角形面积的公式是"(底边×高)÷2",然后说明何为底边和高,再举一些相似的例子反复练习,使孩子们熟悉求三角形面积的方法。但这种教育方法只是教授了求三角形面积的知识,并没有提高孩子们的思考能力。那么,为了提高孩子们的思考能力,应该怎样教呢? 关键在于"提问式教育"。

提问式教育的方法是,对求三角形面积的方法不做任何说明,直接将求三角形面积的问题交给孩子们自己去解决。孩子们面对问题就会自觉地调动起自己所学的所有知识,此时大脑中就会进行盘点和综合各种知识的思考活动。在这过程中,孩子们不但温习了知识,也训练了思考能力。

为了使提问式教育有效,必须明确三点:第一,要根据孩子们的实际水平提出难度适当的题目;第二,要设计有助于温习功课的核心问题;第三,教授者应谙熟该领域的知识。

## 1. 从简单的提问开始

即便是提问式教育也最好从适合孩子们水平的简单提问开始,能够在5到10分钟内思考而解答的问题比较恰当。以求三角形面积的教学为例,首先让孩子们求出底边和高各为5厘米的等腰三角形的面积(图1-1)。

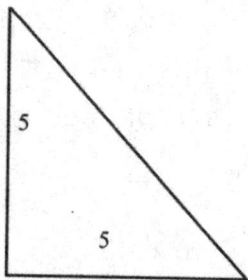

图 1-1

因为孩子们学过求四边形面积的知识，不用花太长时间，孩子们就会想到正四边形面积的一半刚好是正确答案。在这一阶段比什么都重要的是，营造一种让孩子们为解决所给出问题而努力思考的氛围。

### 2.耐心地思考

提高问题的难度。即使孩子们解不开，仅在学习该内容前进行充分的思考，也能提升思考能力。只要是有必要花费充足时间去思考的问题，就可以提前一两周作为课后题留给孩子们去思考。例如求三角形面积的问题，可以让孩子们求出底边长8厘米、高5厘米的锐角三角形的面积(图1-2)。在这一阶段应鼓励孩子们长时间思考，若给出适当的提(暗)示会很有效果。

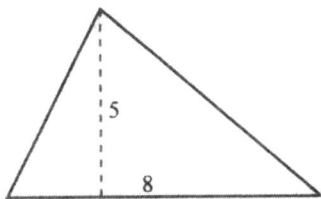 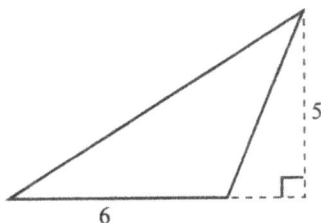

图1-2　　　　　　　　　　　图1-3

### 3.用高难度的问题训练思考能力

难度低的问题可以激发学习兴趣、减少抵触情绪，难度高的问题则激发钻研精神，并认识到深刻而持续思考的必要性。例如，在求三角形面积的问题中，让孩子们求出底边长6厘米、高5厘米的钝角三角形的面积(图1-3)。此时，教师要一边给出适当的提示，一边调动孩子们解题的欲望。即便孩子们没能解出答案，也会因为对该问题下功夫冥思苦想过，因此处在对问题的核心了解了很多、疑惑也大增的状态，此时给孩子们讲解求解方法，孩子们就很容易理解了。这样，孩子们就能够切实掌握解题方法而非单纯背诵公式，思考训练充分的孩子就不会产生压力，而是维持平静的状态，像做心灵漫步一样慢慢地思考问题的核心，逐步找到解决之策。这就好比会游泳的人，以最小幅度的身体摆动来享受快速、长时间的游泳。

切记:在提问式教学中,教师仅仅是向导,绝不能说出答案。"思考"和"解题"只属于孩子们,也是孩子们享受学习的机会和权利。

美国芝加哥大学数学系之所以能荣登世界数学研究中心的宝座,数学家罗伯特·莫尔的教学方法占有一席之地。莫尔极力排斥学生们被动地接受讲解数学书本上记载的定义或论证,或者将书本知识直接用于回答问题的做法。他实施了一种让学生们依靠自己的力量来发现定义的论证方法,以及给概念下定义等"操作"经验的数学教学模式。接下来,既无讲义、教科书或资料,也没有说明,就让学生们本能地对从未见过的难题求解。莫尔通过这种授课方式,开发学生们的数学创新能力,开发学生们把握理性推论以及严谨地表达创意的能力。莫尔的这种激进的数学教学方法,对培养真正享受数学的数学家、产生有创新能力的数学家,带来了巨大影响。随着得到莫尔教诲的学生们逐渐成长为优秀的数学家,莫尔的教育方法也受到了世人瞩目。这就是提高思考能力和创新能力的教育。惊人的是,莫尔的数学教学法与前面讲的提问式授课方法有很多共同之处。

**魔力悄悄话**

即使不善思考的初学者,一旦受到提问式教育,也能够有效地体会思考的方法,有效地抓住问题的核心,从而解决问题,就会像玩智力游戏一样喜欢学习了。

# 第二章
## 思考令大脑狂舞

　　时间充裕的情况下，自律性地对所面临的问题提高投入度的方法，就是"慢慢地思考"。以慢慢地思考而进入投入状态，犹如进行心灵散步，没有心理负担，若成了习惯，反而成为愉悦的享受。

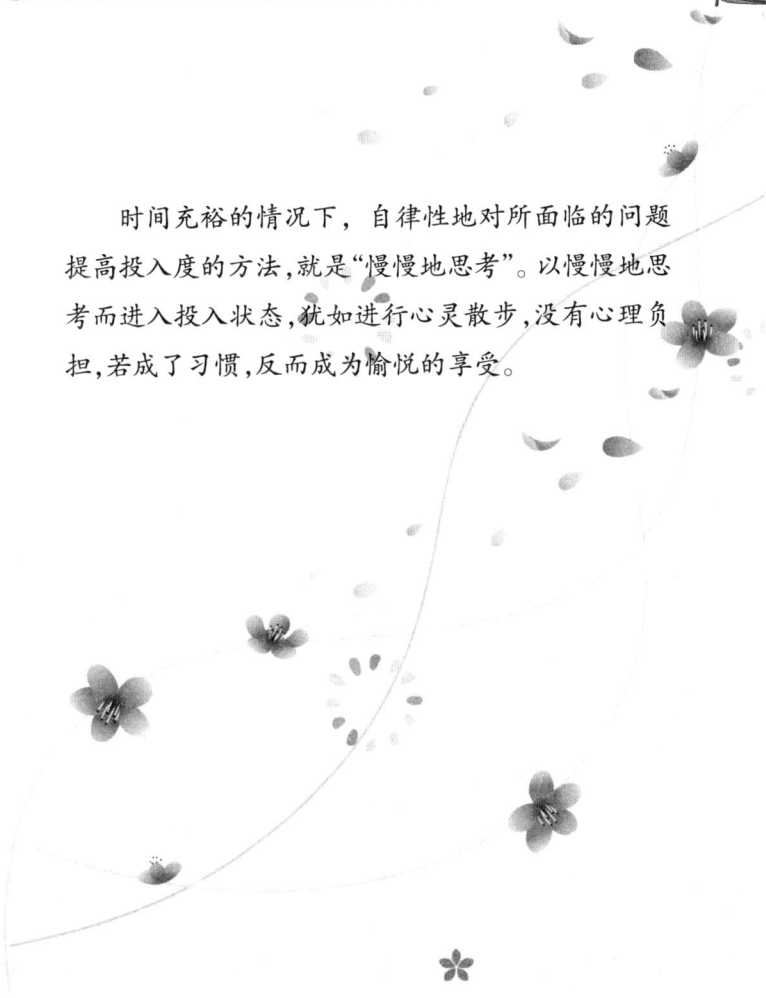

# 什么是投入性思考

人们通常认为愉悦和幸福感主要由外部刺激带来,然而我们在投入的状态下,仅仅静静地坐下来冥思问题,也能感觉到愉悦和幸福。这种不同的体验,造就了对幸福截然不同的追求方式。实际上,感觉幸福的机能在于自身,外部刺激仅仅是将此机能激活的媒介。如果将此机能变成让自己容易感到幸福的状态,那么自己就会很容易感到幸福。由此,我们在做自己该做的事情时也能感受到无与伦比的幸福。如果我们知道通过某种原理能将其变为可能,就可以找到既幸福又提高竞争力的人生。最近的脑科学研究从分子角度阐明了我们的感情是如何产生的。在介绍与此相关的脑科学之前,首先介绍一下我沉浸于投入状态时的一些切身体验。

## 投入状态时的特定征兆

一、对于一个问题持续几天努力集中思考,人的意识会被那个问题充塞。

二、进入这种状态,只要一想到那个问题就会产生愉悦感。

三、集中程度提高,愉悦感也会增加。

四、只要有规律的运动与投入性思考的结合持续不断,愉悦感就会持续几周或数月。

五、将涌现斗志与意念,产生自信心,从而变得乐观。

六、与平常不同,能够很快获得创意。

七、感觉会变得细腻,每天情绪高涨。

八、解决问题没有进展时会感到短暂的烦闷,但一旦取得微小的进展就会感到莫大的喜悦和感动。

九、对于自己所做的事会产生神圣而虔诚的宗教般感情。

十、价值观会变化。

## 投入性思考与愉悦感的关系

我们在投入的状态下思考问题时,会产生陶醉于某种东西的感觉,犹如沉醉于某种氛围。此时若被别人干扰,便会感觉良好气氛被破坏。甚至由于周末与家人共度导致不能集中精力思考问题,因而星期一早晨上班离家时高兴得乐不可支,因为现在我可以在我的办公室不受任何人的打扰,随心所欲地集中精力了。此外,通过几种体验,我们可确认,随着集中度的提高,愉悦感就随之增加。比如,在开车途中遇到红灯,因为在信号灯变换之前不必为驾驶而全神贯注,可以集中精力思考问题。由此在短暂的时间里愉悦感也会增加,交通拥堵时间越长,情绪反而更好。

这种体验之所以让人感觉陌生而特别,是因为投入状态所获得的愉悦感并非一时的,而是持续的。只要将有规律的运动与投入性思考持续结合下去,愉悦感便会持续几周或数月,让人产生犹如生活在天堂的感觉。以前我认为,好心情持续一段后必然会出现忧郁,抑郁一段时间后又会出现好心情。我茫然地相信这是必然规律,有如下坡就有上坡,有上坡就有下坡,人生也是如此。这种规律会令人产生不安,因为人们担心愉悦感结束后忧郁便会接踵而至。但是通过许多投入性思考的体验,我认识到事实并非如此。令我惊奇的是,由投入性思考产生的愉悦里没有忧郁感,投入状态里的愉悦感不是与忧郁交替循环,而是没有起伏地持续下去。这种状态让人感到特别。

**魔力悄悄话**

我们在生活中有时会感到愉悦和幸福,有时会感到忧郁和痛苦。这些感情大部分有其产生的直接原因,但偶尔也会无缘无故莫名其妙地出现。因此,如果能够认识和调节愉悦或忧郁感情产生的根本原因,人生将会变得更加丰富多彩。

# 投入性思考的科学解析

投入性思考,在心理学上讲是一种自我实现,相当于将自身能力发挥到极致,同时伴随着心灵交感。但是,若将投入性思考产生的能力提升看成是一时的超常发挥,则是错误的理解。投入展现了极其科学的变化,我们的大脑就是证据。

我体验了投入性思考后,对我体内发生的一系列情感变化深感困惑,很想了解这些变化的产生原理。于是我开始阅读脑科学和神经科学书籍。

最先读到的是大木幸介的《我感兴趣的大脑的秘密》,这本书给了我极大的兴奋。我发现,我在投入状态下体验过的许多现象都能够由脑科学来解释。不仅如此,脑科学知识还为我们提供了如何生活下去的最具体、实用的向导,展示了走向幸福的更系统的道路。

为了追求充实而幸福的人生,首先有必要了解自身本质。缺乏对自身本质的理解,便难于设计和追求有价值的人生。

脑科学为阐明人的本质做出了极大贡献。在不长的时间里,脑科学取得了辉煌的发展,大大扩展了过去通过人文学对人类本质的认识。

**魔力悄悄话**

二十世纪自然科学发展的核心基础,在于对构成物质的基本单位原子的理解,即以原子论为基础。同理,若要理解由众多个人构成的社会的各种现象,就有必要了解作为基本成员的人的本质。

# 大脑中的快感电路

阅读了大量有关脑科学的知识,我印象最深刻的是叫作多巴胺的神经传递物质。由大脑分泌的多巴胺刺激大脑的觉醒,诱导集中注意力而引起快感,使人产生生活激情并发挥创造性。与多巴胺相关的集中、快感、意欲、创造性等等,是投入性思考体验中的典型情绪特征。由此我得出了这样的结论:在体验投入性思考时,多巴胺的分泌显然会很活跃。此外,为了理解投入状态的情感变化,有必要至少了解与人的情感相关的脑科学知识。下面让我们简单了解一下快感电路与多巴胺、A10 神经、突触等。

快乐的源泉:大脑中的快感电路

1950 年初,奥尔兹和米尔纳对白鼠大脑的实验有了惊人发现。他们将电极植入白鼠大脑,让白鼠自己可以控制通过其大脑的电流,按此开关,电流的刺激就会引发快感。白鼠很快学会了按开关,在一个小时里按了七百多次。(见图 2-1)

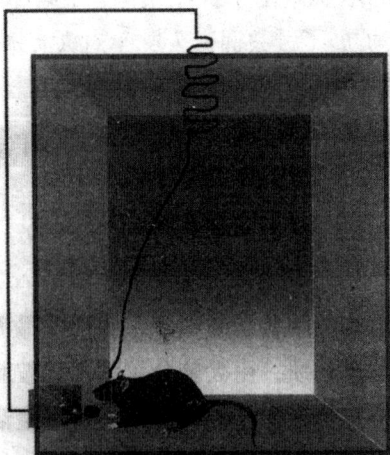

图 2-1　白鼠与电极刺激

甚至于投给它食物、水等诱惑物时,它也只选择按开关,表现了很强的集中力,有的白鼠甚至放弃食物一直按开关而死。后来有研究者用鸦片类药物和刺激中枢神经的可卡因来研究快感的奖赏效果,被实验动物表现出与电极刺激相同的反应。

这些快感的奖赏效果,皆源自由大脑边缘游离出的多巴胺,电极的刺激直接激活了这一部位的多巴胺细胞。可卡因同样在这一部位制造多巴胺的过剩状态,从而诱导快感。

## 幸福和快感的根源:多巴胺

运动会令人情绪兴奋,这是因为肌肉中的肌紧张性纤维与大脑的视床下部相连接,当肌肉受到刺激时,大脑会分泌出多巴胺和脑内吗啡,因而产生快感和幸福感。观赏体育等趣味活动时,多巴胺产生的快感发生作用;沉湎于恋爱、品味佳肴时,也会由于多巴胺的分泌而让人感觉愉悦。总而言之,我们所得到的几乎所有的愉悦和快感,都源于多巴胺。但是,多巴胺的副作用也很多,如果多巴胺数量减少,学习、活动、对话等的集中力会受到影响,从而发生注意力缺乏多动症(ADHD);如果多巴胺过多,则集中力过度,戒心增强,可能导致对微小问题都产生疑心和警惕,程度严重则会出现妄想和幻听等症状,最终导致偏执症或中毒,以及精神分裂症等。

## 掌管一切快感的 A10 神经

大脑中的 A10 神经负责传递多巴胺,产生快感和清醒,所以被称为"快感神经"。在人的思考和行为中产生的快感,均来自 A10 神经。此神经不仅掌管性欲、食欲等原始生理需求,同时与掌管运动、学习、记忆等人类特有精神需求的前额联合区相连,带给人们多样的快感。

人类拥有大脑新皮质,不仅能够通过 A10 神经获得快感,而且可以依据不同的思考方式,自由调节这一神经。普遍的看法是,由投入性思考而产生的快感,正是由 A10 神经受到投入性的思考刺激而引发。在前额联合区附近的神经,由于没有多巴胺的自分泌受体,从而没有负反馈,因此能够维持多巴胺的过剩状态。正是因为这一点,人在投入状态下能够体验持续性的快感。

我们所体验的愉悦和忧郁等各种情感,是由大脑所分泌的化学物质产生的。我们可以通过药物来增加这类化学物质的效果,也可以通过娱乐和体育、趣味活动,以及通过自身业务的投入来增加其效果。选择何种方式完全取决于自己,取决于我们是何种人。决定我们成为何种人的因子,是下面要介绍的突触。


## 突触和自我

人的细胞大约有五十万亿个,神经细胞大约有数千亿个,它们结成了数百万亿个突触连接。无论醒着还是睡眠,无论思考还是不思考,神经传递物质都在不停地分泌,数千亿个突触在不停地活动。

伴随这种神经细胞突起而生成的突触,是依靠学习来形成的。由学习而变化的突触意味着长期记忆。只要我们活着,突触的形成就会持续不断,每当我们的大脑体验新事物,突触都在发生变化。

约瑟夫·勒杜克斯在《突触与自我》中说,我们的思考和感情、活动以及记忆和想象,都是突触发生反应的结果。但是这种突触具有可塑性(plasticity),随着体验和学习而变化,它将通过学习获得的信息记录和储存起来。这种由突触造成的学习效果,在构筑人的性格方面发挥主要作用。人的本质,是由自身的突触分布方式决定的。

练习打篮球则打篮球的水平会提高,这是谁都知道的道理。从突触的观点看,这可以解释为,与篮球相关的突触发生了令人瞩目的变化。突触不仅具有电脑般的能力,同时具有产生情感的能力。一旦形成有关篮球的突触,就会出现两个结果:一是打篮球实力提升,二是对篮球产生兴趣。相反,如果放弃篮球而开始踢足球,那么对足球的突触将逐渐发达,对篮球的突触逐渐消失。由此,足球水平和对足球的兴趣会增强,而篮球水平和对篮球的兴趣会减弱。突触的这种可塑性,意味着进行某种行动或思考,其结果表现为突触的永久性变化,由此人格会发生变化。换句话说,突触的可塑性说明"种瓜得瓜,种豆得豆"的因果法则也适用于我们的神经系统。通过改变自己的突触,能够改变自己的品性。自己有意识地调节思考和运动量,让突触朝自己所期望的方向发展,能帮助我们实现期望的自我转变。"我能改变自己",是脑科学给我们的最重要提示。

突触的形成形态决定人生。能够提高创意和解决问题能力的突触发达是好的,能够让我们对自己应做的事产生兴趣的突触发达也是好的。为此,要输入能够形成这种突触的信息。输入受周围环境的影响,因此有必要把自己放在良好的环境里。不过很多情况下我们很难改变与自己所处的环境。我们最容易调节的输入,就是自己的想法。依据想法的输入,可以由我们自己来选择,并且可以通过努力而得到很大变化。我们应当考虑这些因素而设定人生和教育的方向。

## 决定喜怒哀乐的是身体

当我们为了解决某一问题而进入投入状态时,与此问题相关的微小的事也变得有意义,并让人激动。在为解决问题而竭尽全力的过程中,会产生游戏般的兴奋。即人在高强度的生产性活动中也能体验到极大快乐。这种情感氛围能促使人全力以赴,最大限度地发挥能力,从而获得期望值以上的结果。期望值以上的结果带来的满足感,反过来又会促使人更加努力,形成良性循环。

将投入体验和脑科学知识结合起来,可以得出这样的结论:喜怒哀乐的情感和幸运与不幸的感觉是由人体内部制造的。这种情感虽然受外部环境的影响,但是自身内突触的形成形态和配置发挥决定性作用。做完全相同的事,有的人会感到满足和幸福,有的人会感到不满和不幸,就是这个道理。做什么样的活动、思考什么,会影响突触的形成,从而使我们的情感发生变化。

## 长跑中的极点

马拉松长跑过程中会有吃力到顶点的感觉,过了这一关就会充满自信和力量,能够继续跑下来。这就是极点现象。这是因为我们体内的负反馈为了抚平极度痛苦而在大脑中分泌吗啡,从而提高情绪。所以跑过几次马拉松后,很容易分泌脑内吗啡,使人渐渐比较容易克服长跑的痛苦。这就是忍耐力的脑科学原理。

当人感到压力时,便会分泌出消除身体压力的副肾皮质、刺激荷尔蒙和消除精神压力的 B – 内啡呔。同样的压力反复出现,便渐渐容易克服,最终形成忍耐力。

## 魔力悄悄话

忍耐力是获得成功的必备品质之一。即便是体验投入性思考,也需要相当的忍耐力。因为在到达投入状态之前的过程中,经常会遇到意想不到的难关。知道了忍耐力的脑科学原理,会使我们到达投入状态的过程更加轻松。

# 投入性思考与我们身体的目标指向

地球上一切留存至今的物种,都满足了生存和繁殖这一进化基本条件。生存和繁殖,是生命体的基本任务,是进化的基本前提。植物是自养生物,动物是异养生物,它们的生存方式有本质差异。植物将根部扎入土地吸收必要的营养,通过光合作用自己生产必要的营养成分。动物却必须从外部摄取食物,因此与植物不同,必须为了寻找食物而移动。

为了生存,动物必须宿命性地移动,所以需要知觉功能和运动功能,要大脑发达。这种运动还以"走向哪里"的目的性和方向性为必要条件。任何动物都不会毫无目的地移动,目的指向是动物移动的本质。我们做任何行动都有理由,这个理由就是行动的目的。

我们的一切行动,都以目的指向为出发点,一旦设定了明确目标,就去追求。比如打网球,战胜对方就是设定的目标。球拍打得不正失分了就会郁闷,这是因为远离目标而产生否定性奖赏。这一否定奖赏使人觉醒,从而更加集中注意力,减少打球的失误。如果击球成功,就会产生电击似的快感,这是对自己接近赢球这一大目标的肯定性奖赏。

投入性思考是从散漫状态走向高度集中的行为。这是降低脑内吗啡的行为,不会自发地形成,必须有某种力量的作用。这种力量或是快乐、愉悦等肯定性奖赏,或是郁闷、痛苦等否定性奖赏。这是进入投入性思考所必需的要素。人们容易投入于危机状况是因为危机感,容易投入于娱乐或趣味活动是因为愉悦感。

肯定性奖赏和否定性奖赏诱导目的指向,这是我们大脑活动的基本原理。因此,为了进入投入状态,必须利用目的指向(灵活运用危机感或灵活运用兴趣),除此别无他法。明白这个道理,我们就会知道哪些事是提高投入度所必需的。

## 目标造就意义

看两个外国之间的足球赛，看自己国家与别国的足球赛，后者更有意义和趣味。这是因为有希望本国队获胜的目的指向。这个目标越明确越迫切，看比赛的意义就越大。也就是说，观看足球比赛，如果有希望一个队获胜的目的指向，就比没有目的指向的比赛更有意义。这意味着，明确设定目标将增强突触的活跃性。

同样，无论什么事，一旦确定了目标并强化，该事就会产生意义。某种事对我有意义，就意味着那个事情的结果会让我的突触兴奋，产生某种情感。接近设定的目标，便会得到愉悦的肯定性奖赏；与目标疏远，就会得到郁闷的否定性奖赏。在比赛中，为了实现目标会进行必要的努力，其结果会反复出现肯定的或否定的奖赏刺激。这种反复的刺激使参赛者更加觉醒，为了实现设定的目标而提高投入度。

输入到我们身体的信息，随着刺激的增强和信息的反复，其迫切性也增强。比如参加体育比赛时，带着必胜的强烈目标，迫切性便会增强，对于失误的否定性奖赏和对于成功的肯定性奖赏都将增大。它意味着，比赛的一切结果会使兴奋的程度即意义提高。由此，身体对于目的指向的努力达到极致，从而提高投入度。总而言之，它说明在我们的大脑中这一目标非常重要。同时为了成功地实现目标，作为自救策略，身体和大脑将进入非常状态。在此状态下，对比赛的集中度会达到极致，随之发挥出最大能力。此时会得到所谓最优化经验，这种状态就是忘记一切，全身心只专注于比赛的投入状态。投入，就是身体和大脑追求特定目标的活动达到极致的非常状态。

比如打网球时，以投入的状态参与比赛，当对方向我根本无法接球的方向击球时，我瞬间会产生大事不好的紧张感，会不顾一切地拼命向那个方向奔去。这就是完全的非常状态。我跑去勉强接过球，然后一刻不停地迅速跑回原位，准备迎接对方的另一次攻击。在酷热的夏天大汗淋漓地竭尽全力到处奔跑，仿佛生死攸关，为比赛而竭尽全力。从投入的角度解析这个例子就是，越是认为自己所设定的目标重要，并反反复复想那个问题，就越容易投入。

## 梦想会实现

由于人的行为在本质上所具有的目的指向性,明确的目标和成功的动机成为提高投入度不可或缺的要素。人们具有一旦设定了目标,就会坚定地追求那个目标的本能。因此,强化目标意识、增强成功动机的努力,最终会提高自己对所做的事情的兴趣以及成就能力。年轻时要有梦想,道理就在于此。

小说《人面巨石》讲述了这样的故事:少年欧内斯特听说将有长得像刻在岩石上的伟人出现在村里,于是每天凝视那个岩石,等待巨石上的人的出现,这个少年最终成长为传说中的伟人。没有脑科学知识的小说家纳撒尼尔·霍桑,在很早以前就掌握了这种人生的智慧,并以故事表达出来。

## 怀有梦想的雕刻家

以《思想者》《地狱之门》等名作让我们感到亲近的雕刻家奥古斯特·罗丹,以其恢宏的艺术和才能而受全世界爱戴。他的作品总是栩栩如生,充满情感和生机。但是少年时代的罗丹是个安静、不显眼的少年,几次参加国立美术学校的考试都落榜。他二十多岁时,经济困难和姐姐死亡等等不幸使他经历了郁闷的时期,创作活动也不如意,他的实力不被承认,处处受冷落。但是在他的内心里,很早以前便开始燃烧着巨大的梦想。中学时代的一些逸事,最早显示出他的梦想,预示了许多东西。"你长大后做什么?"有一天老师问。罗丹紧握双拳大声叫喊:"我内心充满了要成为像米开朗琪罗和拉斐尔那样伟大艺术家的理想。"

对于为了改变沉闷的上课气氛而随意提出的问题,罗丹的回答显得过于认真和充满了志气。对于一贯安静的他来说,这个回答着实令人吃惊。后来罗丹时常讲述自己的梦想,并不断强化自己的意志。

"来到这个世界,不留下任何脚印就离开,想起来都令人恐怖。我一定要成为伟大的艺术家。我要以最优秀的奖学金学生进入我国最好的美术大学,在大学毕业时展示的我的沙龙展成名作,一定会被审查委员们一致选定为最优秀作品。我创作的作品将得到全世界人的称赞和尊敬,我将作为国家的英雄而得到称颂。人们将会即便从远处看到我也会激动不已。我的作品将永留青史,随着岁月的流逝名声日益高涨,我的名字最终将成为传说。"

罗丹实现了少年时的梦想。虽然他走过的路并非那么平坦,但他凭借自己的意志,最终成功地实现了梦想。

"真心想做某件事的人,最终会一定会实现那个目标。"

毕生献身于雕塑的罗丹完成了对于梦想的哲学,实现了长久的夙愿。

## 拿破仑·希尔的成功哲学

被称为成功学之父的拿破仑·希尔的成功哲学,最大限度地运用了我们自身的目的指向原理,即便以现代脑科学观点来看,也具有相当的说服力。他说"想象力"是可以创造性地利用潜在意识的重要手段,即用想象力制造好计划的种子,将其撒到潜在意识的田地上,然后浇上信念的水,就会形成新的创造。他的成功哲学可以概括为以下内容:

第一,具有确切的目的指向和燃烧的强烈意欲。

第二,确定明确的计划,踏踏实实地执行。

第三,彻底地无视周围人们的否定性见解。

第四,与赞成自己目标和计划并经常给予勇气的人交朋友。

在这里,我们要学习的是明确的目标设定,这是通过个人有意识的努力完全可以实现的。假设学习时将在班里第一设定为目标,那么仅仅这一目标的设定,就会赋予学习这一行为以意义。当然,并非设定了目标就一定会实现,但是目标的设定的确会给学习行为注入动力。

如果内心里反复确认争当第一的目标,那么与此相关的突触数量便会增加和强化。由此,将对平常所喜欢的电视节目和电脑游戏产生否定性情感,因为它们与自己设定的目标相悖。与追求目标相吻合的学习行为,将表现为满足感这一肯定性情感。在经历这种情感的过程中,人们会不知不觉地克制看电视和玩电脑游戏的欲望,学习时间便会增加。

工作中也是如此。每天有规则地反复向自己强调既定目标,其行为本身就会唤起对所做事情的关注和兴趣。目标意识越强烈,越会感觉自己所做的事有意义,对自己所做的工作会产生犹如玩游戏般的兴趣。

## 自我实现

投入状态就是在进行自我实现。在心理学上,自我实现就是从心灵上成长,最大限度地发挥自我潜能的状态。卡尔·荣格首先提出了自我实现的概念,卡尔·罗杰斯也曾谈及这一概念。亚伯拉罕·马斯洛在人的动机赋予理论中,更是提出了需求层次说。在需求五层次中,自我实现被放在了最高层次。马斯洛后来又追加了三个层次。图2-2是追加了三个层次后的需求层次图。有趣的是,超越和心灵状态比自我实现处于更高层次,这是帮助他人自我实现的层次。

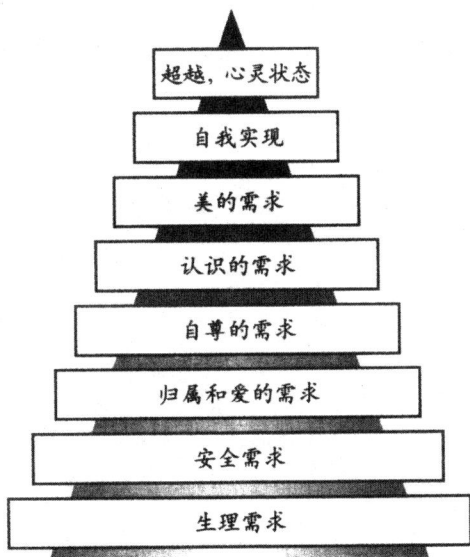

图2-2　马斯洛的需求层次

根据马斯洛的说法,人在满足了低层次的基本需求后,就会追求更高层次的需求。在生理需求得到满足后,便会追求心理方面的需求或对于成长的需求。奇特的是,超越和心灵状态可以不经过下一层次而在任一层次追求。

所谓自我实现,就是人们最大限度地发挥自身能力的本能需求。人在自我实现上成功的心理特点,与投入状态下的心理特点有许多类似之处。在投入状态下,自己的能力得到最大限度的发挥,这显然就是自我实现。自我实现所讲的最高级体验,出现于投入状态。如果没有体验过在投入性思考过程中不断取得平时以自己的水平根本无法获得的成果以及由此产生的快感,便难以理解这一点。

**魔力悄悄话**

我们要记住,一切娱乐和游戏都是盲目追求目标的活动。因此,不管何时何地都对自己的事进行习惯性思考的人,他追求成功的动机就强,就会获得好的结果。在试图投入性思考的初期,需要以这种明确目标意识和成功动机为前提。

# 有宗教信仰就会容易专注思考吗？

　　脑科学研究客观地说明了投入性思考时的情感状况。投入性思考过程中所经历的情感变化，与宗教的情感有类似之处。所谓投入的思考方法与冥想几乎相同，正是因为这一点。虽然我不曾冥想和坐禅，但是我发现，我在不断地进行投入性思考活动的过程中，不知不觉地全身放松，心平气和地坐着慢慢地思考要解决的问题。我想我的姿势是不是人们所说的冥想或坐禅呢？不仅如此，修行的人说通过冥想能够达到幸福的状态或领悟的境界，我也体验到了类似的效果。我更深刻地理解我要解决的问题，一步步走向解决问题的目标，这对于我即是领悟。

## 科学家在投入状态下感觉的宗教情感

　　神奇的是，经过长时间投入性思考后所感觉到的情感，与人们所说的宗教性情感相当类似。人生的每一天都充满感激，对周围的一切怀有感激之情，让人感觉"这就是天堂"。不能如此生活，不能领悟到这种真理的人，的确令人怜悯。我曾经对笃诚参与宗教活动的人讲过这种感觉，他们说这与他们体验的宗教性情感相同。

　　通过投入性思考而感觉的特别情感，无疑与宗教情感是类似的。虔诚祈祷的人们必然处于高度投入状态，特别是坐禅或念佛禅等修行方法，与只想一个问题的投入性思考有许多相通之处。这种宗教的情感使人们对生活采取积极的心态，从而不断涌现出创意和灵感。

　　爱因斯坦也认为科学家能够具有这种宗教般的情感。他曾经坦诚地说："杰出的科学见解都来自深刻的宗教情感，而且我相信这才是我们时代唯一的创造性宗教活动。"科学家们致力于探求普遍的因果法则，他们的宗教情感表现为对于和谐的自然法则恍惚般的惊异。

对此,爱因斯坦一针见血地说:"毫无疑问,与一切时代杰出的宗教家们所经历的宗教情感非常类似。"他甚至指出,很难让完全不能感觉到这一点的人们去领悟"无限的宗教情感",这也与宗教特性非常类似。不仅如此,曾经声称探索和思考活动是走向"天堂之路"的爱因斯坦,也是在高度投入状态下进行研究,他或许也在投入状态下经常体验到了宗教性的情感。

## 投入性思考和话头禅的几个相同点

我个人体验过的投入状态,与话头禅的入定状态在许多方面很类似。我自己总结出四个相同点:

第一,在投入状态下的创意和灵感,与话头禅的领悟和启发相似。第二,在投入状态下,创意不经过任何步骤偶然或者瞬间突然浮现;话头禅中,听到深奥的教理,也会"顿悟"。第三,在投入状态下夜以继日地思考当前问题,与那个问题同睡同醒。话头禅中号称"动静一如",在日常生活中始终如一地参话头;或号称"梦中一如",在梦中也参话头;或号称"熟眠一如",在沉睡中也参话头。第四,在投入状态下,无论洗漱、吃饭、行走时都要有意识地维持投入的状态,在话头禅中则表现为"吃饭时也要一心一意地吃饭"。

此外,进入投入比较吃力,维持投入却比较容易。话头禅也有类似的内容,在《修行三十七问三十七答》中,有几近解释投入含义的内容。

问:干活或睡觉时也能入定吗?

答:骑自行车时,用力踩脚踏板提高速度后,因为惯性,此时即使不踩脚踏板也会自行向前。修行也是如此,经过虔诚的修行入定后,无论说话、睡觉或做别的事,都因为入定的惯性使修行持续不断。

为了进入投入状态,问题难度要大,要有解决问题的切实情感,还要有克服极度厌烦的意志,要热爱般地集中思考那个问题。曹溪宗传教研究室《话头的意义和作用》一文(载于《佛教新闻》)中,有这样一段表述:

"话头是无法穿越的大门。虽说它是门,却是用铁壁封死的门,坚不可摧。那个铁门不能穿孔,也不能从上面或下面穿过,却又是我们必须开启才能找到活路的大门。在一切可想到的路都被堵死的时候,会冒出迫切的疑团:话头究竟是什么？只有怀着必定要知晓的决心,以追求梦寐以求恋人般的执着参话头,那扇无门之门才能开启。话头就是需要如此全身心投入。"

最后,进行投入性的思考时,若不能放松、毫无负担地解除紧张并进行缓缓地思考,或不辅以有规律的运动,就会出现头疼等副作用。话头禅里也有叫作"上气"的副作用。

## 魔力悄悄话

如此考察了投入和话头禅的共同点,我甚至想,投入性思考本身是不是某种修行？尽管在投入性思考过程中感觉的愉悦和情感与宗教的极端喜悦多少有些差异,但是不可否认,在追求方法和对灵感的接触方法上几乎别无二致。

# 活动型投入和思考型投入的联系

　　只要根据前面所讲的条件和方法去做,便会比较轻松地进入投入状态。投入性思考其实是非常单纯的,任何人都会在日常生活中体验到。孩子们沉迷于电脑游戏,大人们观看世界杯足球赛,此时他们大部分处于完全投入状态。对于自己喜欢或感兴趣的事情,任何人都会很容易体验到投入状态。由此更进一步,我们要尝试在自己不感兴趣的方面,即在难以投入的事情上投入。在人类的活动中,有比较容易投入的活动,也有经历长时间努力才能投入的活动。作为通俗的例子,让我们比较一下网球、围棋和高尔夫。网球是以活动为主的项目,围棋是以思考为主的项目,高尔夫则大约介于二者之间。

　　如果花相同的时间学这三种运动,那么最容易体验到投入的是哪个运动呢? 猛一想,最容易投入的是网球,其次是高尔夫,再次是围棋。这个判断是出于这样一种观念,即行动为主的投入较之思考为主的投入更容易学习。如果作为对"如何开始投入"的调查统计,那么前述顺序多少是正确的。但是,从投入的强度和痴迷性来看,表现正相反。以思考为主的项目围棋的投入度最高,高尔夫次之,网球最低。

　　研究活动也可以进行类似的分类。认真地做实验的投入,叫活动型投入,静静地坐在椅子上整日认真思考问题的投入,叫思考型投入。

　　活动型投入和思考型投入,在投入于某件事从而处于高度集中状态这一点上是相同的。另外,在想法和意识连续地被此事所占有这一点上也没有什么差异。这两种投入都意识不到时间的流逝,使自己和问题浑然一体;为了进入投入状态都要克服重重困难,战胜困难后达到投入时,愉悦和快乐便倾泻而来。在投入的过程和结果上,二者经历的情感变化也没有多大差异。

　　二者差别也不少。活动型投入较之思考型投入难度低,反馈快。如游戏、赌博、运动等,会很快知晓成功或失败的结果。在难度方面,常人无须特别的知识和努力大多都可以尝试。与此相反,思考型投入不容易获得反馈,即便对某一问题进行持续不断的思考,解决办法依然渺茫,而且它要在没有反馈这一投入基本要素的情况下进入投入状态。同时,如果问题的难度和实力不匹配,还要经历超乎想象的困难。思考型投入大部分是思考久思不解的问题,难度常常高于实力。思考型投入较之活动型投入,难就难在这里。只有不屈服于这些困难反复进行思考,才能进入投入状态。

## 索尼神话:"激情集团"的活动型投入

活动型投入也有需要思考的,如实验。乍看起来,实验应该属于思考型投入,但因为要移动身体直接确认其过程和结果,所以更应该是活动型投入。索尼前首席常务董事天外伺朗在《文艺春秋》2007 年第一期发表的文章中,谈到了创造了索尼神话的"激情集团",这正是典型的活动型投入:

"在开发 CD 的过程中,关于数码音响技术规格,与欧洲企业进行激烈竞争时,我们仅用半年时间就生产出了原本需要三四年时间才能生产的业务用数码仪器。当时我们向开发者们提出了超乎寻常的时间表,夜以继日地进行开发,在此过程中仿佛突然打开了开关,创意开始涌现。我们面对难题不屈不挠,终于解决了问题。"

平凡的工程师仿佛一夜之间成了超级工程师,这种情况还出现在开发工作站时期。索尼的独创性产品,正是由"激情集团"不断推向市场。

京瓷集团创始人稻盛和夫会长作为日本活着的"经营之神"受到尊敬,他在自传《素封家的梦》中,回忆了年轻时在公司进行投入性研究的事:

"在战后持续混乱的时代,我进入一家即将倒闭的公司。同事们发牢骚说'在这样的公司很糟糕,大家都走了得了',纷纷离开了公司,和我同时进公司的五个人只剩了我一个。我想反正无处可去,天天发牢骚也不会有什么高招。我下了决心,索性专心研究精密陶瓷。"

研究是在非常困难的情况下开始的,但是随着时间的推移,稻盛和夫会长有了新体验。当他投入于研究后,他的生活节奏变了,后来觉得往返于研究室和宿舍的时间都是浪费,干脆将炊具拿到研究室,吃睡在研究室,全身心地投入于研究。由此,惊人的成果开始不断涌现。在他开始研究一年半后,成功地合成了叫镁橄榄石的精密陶瓷。这是日本最早、世界第二的新材料,完全改变了业界的版图。

# 研究案例

## 通过活动型投入得到的意外成果

我在大学指导的学生中,有一个学生为准备硕士论文,在研究室食宿一个月进行集中研究。将他的研究过程以周为单位概括起来,便显示了活动型投入的特征。

### 第一周约有4天在研究室食宿

5月9日首次开始实验。制定了星期六至星期五上午进行真空电镀,星期五下午进行拉曼分析的日程,并决定下个星期六进行实验结果分析。第一周拿着实验结果进行拉曼分析,结果不如意。

### 第二周4~5天在研究室食宿

这一周也没有得到期望的结果。

### 第三周

拿着实验结果进行拉曼分析,出现了期望的结果。看着拉曼分析报告,我的心情如同中了大奖。从加入气体量少开始分析,随着注入量的增加,逐渐出现了内心里期待的图表。真的很高兴,那时的心情不想与世界上任何东西交换。

### 综合

从开始准备实验到得出实验结果,一个来月没有周末没有休假,废寝忘食地进行了实验。这并非谁要求的,只是自己非常想做。我对于实验结果充满期待。上下班乘坐地铁需一小时二十分钟,拉曼分析获得成功的前一天,我在对这个问题的持续思考中乘上了回家的车。与平常不同,那天脑子里出现了许多灵感,食宿在研究室两个多星期一直没有头绪的问题似乎纷纷解开了。另外,我的脑海里浮现出了一个明确的实验计划。以往上下班路途总觉得漫长而腻味,那一天回家却好像仅仅用了三十分钟,感觉时间极短。平常一回到家我便打开电视,那一天我却不想打开电视。夜深了,身体也疲倦,我却无法入眠。我不想放过脑海里不断浮现的灵感,拿出笔记本整理了思绪,内心才安静了下来。

点评:在攻读硕士博士过程中,碰到棘手问题而集中精力进行研究时,经常体验到投入感受。有过这种体验的学生会沉浸于喜悦之中,他们在畅谈豪情壮志时说那一瞬间才是自己人生中的闪光点。他们大部分都认为,这种特别的体验是在人生的全盛期或重要的瞬间偶然获得的。他们不会想到,这种体验是可以通过努力有意识地获得的,并且可以长期维持这种状态。其实,这种特别的体验可以无限反复和延长。当然,为了长期维持投入状态,不能有身体或精神的过度劳累。尤其是活动型投入,因为常常伴随着身体疲劳,难以长期维持。此时若在活动型投入中加入思考型投入,则可以取得良好效果。就像进行心灵的散步,放缓思考的速度,每天进行有规律的运动,那么即使维持很久的时间都不会出现疲惫或副作用,可以重复或延长活动型投入。

## 魔力悄悄话

要进入思考型投入,无须投入肉体,而只能通过思考寻找出路。思考型投入虽然难以进入,但是它的长处在于,一旦进入状态,只需很小的努力就可以长期甚至无限地维持投入状态,因为它几乎不存在肉体劳动所带来的疲倦。篮球或足球运动持续两小时以上肉体必然会碰到限度,因此消耗体力的投入是无法长久维持的。

# 能动性投入和被动性投入的联系

为解决问题而投入时，其方法和态度也是非常重要的。较之生意中面临破产危机时的投入，以热爱的姿态能动性地去解决问题，更能提高效率。我们应当追求将问题视作朋友，以积极乐观的姿态去攻克问题的投入活动。医学上认为，这种积极的姿态能够分泌 B－内啡肽，减少压力，增强幸福感。

## 以愉快为原动力的能动性投入

我们在日常生活中最容易体验投入的事情，就是坠入爱河。热恋中的男女，不见面时，深受相思之苦，见面时，时间显得十分短暂。无论是单相思还是彼此热恋都是如此。尤其是热恋初期，无论吃饭、睡觉还是做事时都只想对方，打开书本眼前总是浮现恋人的面孔，对书本上的文字视而不见。这种极端的投入正是爱的体现。即使列出"热恋便是投入"的等式也毫不为过。此时，满脑子全是恋人，梦寐以求，不分昼夜，能动性投入就是指如此这般地沉浸于快乐的投入。很久以前，有个正在热恋的朋友找到我倾诉苦恼："最近，我满脑子只想她，只要想着她就感到幸福，还有什么可解释的吗？日日夜夜只想她，当真和她见面后分了手，我都搞不清楚是真见了面还是自己的想象。你看是不是有问题？"那时我也无法做出明确的答复。如今看来，那个朋友正是陷进了典型的能动性投入。"我一刻也不曾忘记你。"如此痴情的恋人们才真正达到了极致的投入。

## 危机下的被动性投入

日常生活中体验的另一种形态的投入，是处于危急状态时的投入。做买卖的人陷入破产困境,攻读博士学位的人攻不下论文难题,便是很好的例子。这时,我们在危机的压力下会进入被动性投入。问题始终萦绕在头脑,苦恼状态会延续几天、几周甚至几个月。

被动性投入里,也有许多因投入而解决了问题的事例。常言道"穷则思变",在"山穷水尽"的绝境,突然浮现不曾想到的灵感,或者找到突破口,戏剧性地解决一直苦恼的问题,这种情况并不少见。

有的企业家将这种为对付危机而进行的投入性思考当作游戏。我曾经听到经营企业达几十年的企业家说:"公司运转良好,做事的兴趣反而会降低,只有体验到些许破产的危机,做起事来才有趣。"危机状况并非只带来痛苦,它恰恰是伴随着投入乐趣的很好例证。这与人们喜欢冒险是一样的道理。但是,这种与危机状态下的压力相伴的被动性投入,由于投入过程所经历的苦难和曲折,使人产生若非危机所近再也不愿重复这种投入的心理。不仅如此,在强大压力下进入投入,会对精神健康产生不良影响。

## 被动性投入转为能动性投入的方法

追逐者狮子的投入与被追逐者鹿的投入是显然不同的,热恋中情人的投入和面临破产压力的企业家的投入是截然不同的。前者是因为做某种事而兴奋的能动性投入,后者是不做那个事就会出现大麻烦的被动性投入。通常,趣味活动主要是能动性投入,而在职场履职主要是被动性投入。学生们为了应付考试而体验的投入是典型的被动性投入。

在此,我们要注意的是,通过有意识的努力,能够将被动性投入转变为能动性投入。所谓投入,就是摆脱散漫状态而进入高度集中状态。但是,提高集中度绝非易事,需要很多时间和努力。假如时间充裕,可以选择集中状态比较容易的能动性投入;假如时间不足,情况就不同了。短时间内要进入集中状态非常不容易,但是当危机袭来时可以快速进入投入状态,因此整体来说具有被动性投入的特点。

以登山为例,假设登上某个山顶一般需要三个小时,那么要在两个小时内登上去,就会感觉吃力;要在一个小时内登上去,就超越困难变成了痛苦;要在三十分钟内登上去,简直就像炼狱般苦不堪言了。但是,如果用四五个小时边散心边登山，就变成了有趣的活动。投入也是如此。在充裕的时间里渐渐进入，可以将伴随而来的痛苦降到最小。投入状态若以主动的方式实现当然非常愉快，若在被狮子追赶的危机状态下实现，则是陷入地狱般的痛苦了。

慢慢思考是自律性地提高投入度的最重要途径。

有一个人因工作态度不端正，七次被赶出职场。他上班时习惯性地看报纸，下班后和朋友四处游荡，吃饭时无聊地调侃，独处时陷入胡思乱想。后来他决心改变这种生活状态，做能够实现梦想的事业，一天十个小时集中精力着手做事，除去睡觉的八小时，其他时间用头脑思考。他逐渐将做事的时间延长至十八个小时，不参加无聊的聚会，不做无聊的活动，无论何时何地都只思考要做的事业。他自觉地把自己变成了清醒时专心做一件事的完全投入的人，连睡觉时也做与工作相关的梦！

后来，他创办了超一流企业 GE，获得了 1093 个专利，成为二十世纪最优秀的发明家。他的十八小时投入法则，将许多人的人生引向了成功。

"请将研究当作愉快的游戏吧，与书共玩，与时间共玩。将作业和业务当作一种游戏吧，无论是见到上司，还是遇见客户，都享受吧。我觉得一生都是在享受，享受事业和研究。"——托马斯·爱迪生。

## 魔力悄悄话

面对危机状况，不同的人有不同的反应，对待和处理问题的方式因人而异。有的人只是一味地担心、忧虑，有的人则沉着冷静地分析问题，集中精力探索解决方法。解决问题的成功率当然是后者更高。

# 第三章
## 思考力让你无往不利

俗话说:"得人心者得天下。"掌控人心就能掌控一切。可是，生活中你是否曾因无力说服别人而懊丧?是否曾被别人牵着鼻子走而浑然不觉?面对纷纷扰扰的人际关系，你束手无策苦闷困惑，时常感叹为什么有些人就那么有心计? 为什么有些人就那么有手腕? 自己难道就只能傻乎乎地处于被动的境地吗? 相信你是心有不甘的。其实，你大可不必为此而灰心丧气，也无需羡慕别人的交际能力，只要你懂人性，知人心，就会拨开迷雾见太阳，就能化被动为主动，就能明白人际交往中操纵与反操纵背后的秘密!

# 与人交往中的思考

每个人都需要一个能够把握的自我空间,它犹如一个无形的"气泡"为自己划分了一定的"领域",而当这个"领域"被他人触犯时,人便会觉得不舒服、不安全,甚至开始恼怒。

许多人都有这样的经验和体会:与某人的关系越亲密,越容易与其发生摩擦和矛盾,反倒不及与初次见面者交往容易。家庭成员、情侣之间常常相互埋怨,正是这种情况的表现。按理说应该是交往得越深,就越容易相处,相互之间的人际关系也越好,可事实上并非如此原因何在?

这其实可以用心理学上的刺猬法则也叫心理距离效应来解释。那么,什么是刺猬法则呢?

刺猬法则说的是这样一个十分有趣的现象:在寒冷的冬季,两只困倦的刺猬因为冷而拥抱在了一起,但是由于它们各自身上都长满了刺,紧挨在一起就会刺痛对方,所以无论如何都睡不舒服。因此,两只刺猬就拉开了一段距离,可是这样又实在冷得难以忍受,因此它们就又抱在了一起。折腾了好几次,它们终于找到了一个比较合适的距离,既能够相互取暖又不会被扎。这也就是我们所说的在人际交往过程中的"心理距离效应"。

在现实生活中,这种例子举不胜举。一个你原来非常敬佩或喜欢的人,与其亲密接触一段时间后,对方的缺点就日益显露出来,你就会在不知不觉中改变自己对其原有的感情,甚至变得非常失望与讨厌他。夫妻、恋人、朋友以及师生之间都不例外。

曾有人做过这样一个实验。在一个大阅览室中,当里面仅有一位读者的时候,心理学家便进去坐在他(她)身旁,来测试他(她)的反应。结果,大部分人都快速、默默地远离心理学家到别的地方坐下,还有人非常干脆明确地说:"你想干什么?"这个实验一共测试了整整 80 个人,结果都相同:在一个仅有两位读者的空旷阅览室中,任何一个被测试者都无法忍受一个陌生人紧挨着自己坐下。

由此可见，人和人之间需要保持一定的空间距离。人人都需要一个能够把握的自我空间，它犹如一个无形的"气泡"为自己划分了一定的"领域"，而当这个"领域"被他人触犯时，人便会觉得不舒服、不安全，甚至开始恼怒。

法国前总统戴高乐曾经说过："仆人眼里无英雄。"这也说明了人在和他人的交往过程中应该留有一定的余地即相应的心理距离，否则伟大也会变得平凡。戴高乐是一个非常会运用心理距离效应的人，他的座右铭是：保持一定的距离！这句话深刻地影响了他与自己的顾问、智囊以及参谋们的关系。在戴高乐担任总统的 10 多年岁月中，他的秘书处、办公厅与私人参谋部等顾问及智囊机构中任何人的工作年限都不超过 2 年。他总是这样对刚上任的办公厅主任说："我只能用你 2 年。就像人们无法把参谋部的工作当作自己的职业一样，你也不能把办公厅主任当作自己的职业。"这就是他的规定。

后来，戴高乐解释说，这样规定有两个原因。第一，他觉得调动很正常，而固定才不正常。这可能是受到部队做法的影响，因为军队是流动的，不存在一直固定在一个地方的军队。第二，他不想让这些人成为自己"离不开的人"。唯有调动，相互之间才能够保持一定的距离，才能够确保顾问与参谋的思维、决断具有新鲜感及充满朝气，并能杜绝顾问与参谋们利用总统与政府的名义来徇私舞弊。

戴高乐的这种做法值得我们深思。如果没有距离，领导决策就会过分依赖于秘书或者某几个人，易于让智囊人员干政，进而使他们假借领导名义谋一己之私，后果将会非常严重。所以还是保持一定距离为好。

在美国著名人类学家爱德华·霍尔博士看来："通常而言，彼此间的自我空间范围是由交往双方的人际关系与他们所处的情境来决定的。"据此，他划分了四种区域或者距离，每种距离分别对应不同的双方关系。

第一种是亲密距离。

这是人际交往中的最小距离，甚至被叫作零距离，也就是人们经常说的"亲密无间"。它的近范围是在 6 英寸约 0.15 米内，在此距离内，人们相互之间可以肌肤相触，耳鬓厮磨，以至能够感受到对方的体温、气味以及气息。

它的远范围是 6～18 英寸约 0.15～0.44 米，在此距离内，人们可以挽臂执手或者促膝谈心，通过一定程度上的身体接触来体现出相互之间亲密友好的关系。

在现实生活中。这种距离主要出现在最亲密的人之间。在同性间，常常仅限于贴心朋友，在异性间，仅限于夫妻与恋人。所以，在人际交往过程中，倘若一个不属于该亲密距离圈中的人，在没有经过对方允许时随意闯入这个空间，无论其用心与目的怎样，都是不礼貌的行为，都会引起对方的反感与彼此的尴尬，一般会自讨没趣。

第二种是个人距离。

这是在人际交往过程中稍有分寸感的距离。在此距离内，人们相互之间直接的身体接触并不多。其近范围在 1.5 ~ 2.5 英尺约 0.46 ~ 0.76 米，以能够互相握手及友好交谈为宜。这是熟人之间交往的空间。若是一个陌生人贸然进入此空间，就会构成对他人的侵犯。

其远范围在 2.5 ~ 4 英尺约 0.76 ~ 1.22 米。所有朋友与熟人都可以自由进入该距离，但一般情况下，和比较融洽的熟人谈话时，距离更靠近远范围的近距离即 2.5 英尺一端，而陌生人之间交往时则更靠近远范围的远距离即 4 英尺一端。

第三种是社交距离。

它和个人距离相比，无疑又远了一步，体现的是一种社交性或者礼节上的比较正式的关系。其近范围是 4 ~ 7 英尺约 1.2 ~ 2.1 米，人们在工作场所与社交聚会上通常都保持这种空间距离。

一次，主办人在安排外交会谈座位的时候发生疏忽，在两个并列的单人沙发中间未摆放茶几，结果，坐在那儿的两位客人一直都尽可能靠在沙发的外侧扶手上，而且身体也经常后仰。可以看出，在不同的情境和关系下，人们就需要调整不同的人际距离。倘若距离和情境、关系不对应的话，就会使人们出现明显的心理不适。

这种社交距离的远范围是 7 ~ 12 英尺约 2.1 ~ 3.7 米，它被认为是一种更正式的交往关系。

在公司里，经理们一般使用一个大而宽阔的办公桌，并在离桌子一段距离处摆放来访者的座位，这样就能和来访者在谈话时保持一定的距离。同理，在企业领导人之间谈判、工作招聘面试、教授与学生的论文答辩等时候，也常常都要隔一张桌子或者保持一定的距离，这样便增加了庄重的气氛，也增加了双方的适应程度，显得更得体与正式。

第四种是公众距离。

这种距离是在公开演说时演说者和听众之间保持的距离。它的范围一般在 12~25 英尺约 3.7~7.6 米，其最远范围在上百英尺以外。

这是一个基本上能够容纳所有人的"门户开放"空间。在此空间内，人们相互之间是可以不发生任何联系的，甚至人们完全可以对处于此空间内的其他人"视而不见"，不和他们交往。

由此可见，在人际交往时，双方之间相距的空间距离是彼此之间是否亲近、友好的重要标志。所以，在人际交往中，选择正确的空间距离非常关键。

这就是人们常说的"距离产生美"。就像我们经常在影视剧里看到的情景：一个男孩一直苦苦追求一个女孩，在追求的时候对她无比关心，可是女孩却总不领情，当这个男孩丧失信心停止追求之后，女孩往往会突然发现，自己好像爱上了这个男孩。这就是"距离产生美"的心理效果，虽然不一定是真的爱，但却是心理的变化。

懂得这个道理，我们就可以用"距离"来操纵对方的心理，实现自己的目标了。运用到管理实践中，就是领导者与下属保持心理距离，就可以避免下属的防备和紧张，可以减少下属对自己的恭维、奉承、送礼、行贿等行为，可以防止与下属称兄道弟、吃喝不分……

总之，这样做既可以获得下属的尊重，又能保证在工作中不丧失原则。一个优秀的领导者和管理者，要做到"疏者密之，密者疏之"，这才是成功之道。

酒店之王希尔顿就深谙此道。

希尔顿为自己的旅馆王国立下过一条原则：最低的收费和最佳的服务。他要求饭店的所有职员一定要做到和气为贵，顾客至上。不管是谁违反了这一规定，都要受到严厉的惩罚。

在平时的工作中，希尔顿总是和蔼可亲，他爱与员工们谈天，关心他们的生活，热心帮助解决员工的困难，所以员工们与他的关系都很融洽。和希尔顿聊天，就像和一位长辈谈心，不用拘束，也不用担忧，因为他是把每个人都当作酒店的主人来对待的。但在原则问题上，他是绝不含糊的。在工作之余，他从不邀请管理人员到家做客，也从不接受他们的邀请。

一次，饭店一位经理与顾客发生了争执，居然还大吵了起来。希尔顿知道这件事后，立刻辞退了这位经理。虽然这位经理业务能力很强，为饭店作出过不小的贡献，但希尔顿并没有姑息他，而是严格地执行了规章。

希尔顿这种说一不二的性格，使得许多员工都认为他是一个特别严肃的人，所以都很尊重他，而正是这种保持适度距离的管理，让希尔顿在酒店行业中的威望与日俱增。

与员工保持一定的距离，既不会使你高高在上，也不会使你与员工互相混淆身份，这是管理的一种最佳状态。距离的保持靠一定的原则来维持，这种原则对所有人都一视同仁，因为这样既可以约束领导者自己，也可以约束员工。掌握了这个原则，也就掌握了成功管理的秘诀之一。

除了在管理上，做生意也是如此。

一位朋友经常抱怨：三番五次地接到通信公司发来的服务短信，说什么他刚才拨打的电话彩铃非常好听，要不免费试用 2 个月？弄得他烦不胜烦……类似的事情还有很多。比如美容店、理发厅给爱美的女士极力推荐美容新产品，推销办理各种会员积分卡、消费卡；影楼拍摄照片，店员极力推荐所谓的"优惠套餐"，并想尽办法让你增加洗片数量；到银行办理贷款，柜员费尽口舌要你办理某种理财业务；进入超市购物，服务员极力推荐某种洗发产品等等。

请记住，有的时候对人过分热情，不但没有任何效果，反而会招来反感！

**魔力悄悄话**

有了距离，才有了效果。有的时候人们常有这样的感觉，每天和爱人朝夕相处的时候，不觉得爱人很重要，一旦对方出差很长时间，就觉得对方在自己的生命里尤为重要。

# 往最坏处思考，往最好的方向努力

生活中有很多的磨难和困境，那当你面对困境时，正确的做法是什么呢？

往最坏处打算，往最好的方向努力，这就是正确的做法。

世界著名的小提琴家欧尔·布尔在巴黎的一次音乐会上，忽然小提琴的 A 弦断了，他面不改色地以剩余的 3 根弦奏完全曲。佛斯狄克说："这就是人生，断了条弦，你还能以其余的 3 根弦继续演奏。"

是的，这就是人生，当第一根弦断的时候，如果你停下向前的脚步，对自己说自己再也没有希望，那么你剩下的 3 根弦就没有机会发挥它们的作用，但如果你继续拉下去，谁又能说你拉不出动听的曲子呢？

身处困境时，要往最坏处打算，但要往最好的地方努力，自动寻找突破的机会。和人相处也是如此，当你觉得自己时运不济的时候，不妨给自己端来一大盆冷水，让自己彻底降温。所谓"跌到谷底总会反弹"，冷静之后再出发，会收获无比的快乐。

你可以问自己，最糟糕的事是什么？损失金钱？失去爱情？离别亲人？遭人陷害？还是被病痛折磨得够呛？不，这些都不是最糟糕的事，只要你的生命尚存一口气息，只要你还活在这个世界上，你就没有理由抱怨自己的现状太糟。除此之外，任何东西你失去了，哪怕你现在一无所有，也能够从头再来，没什么大不了。

人的一生是一段漫长的路程。不要因为一时的失败就否定自己，要有从头再来的勇气。要用平常心去看待人生中的起落，不能因为一次的得失就断定一生的成败。人生的路上不可能永远一帆风顺，总有潮起潮落之时，有时失败也未必是坏事。没有昨天的失败，也许未必有今天的成功。人生最大的敌人是自己，只有敢于承认失败的人，敢于从头再来的人，才能最终战胜自己，战胜命运。面对失败，我们没什么可抱怨的，从哪里跌倒，就从哪里爬起来。

董静初中毕业后就在哥哥的印刷厂帮忙，每个月有1000多元的工资。后来，她自己出来单干，帮市区里的小旅馆和小餐馆印信纸、信封、筷子套、牙签袋等，一年也能赚个七八万元。这时候她已经结婚，并生有一个女儿，家庭算得上是幸福。

2004年的一天，她记得很清楚，那天早晨有人找她印一些收据，实际上是一些发票，给的价钱特别高，不到2000元的成本，就能赚1万元。董静觉得有点不妥当，但因为利润高，她还是印了。结果事情很快败露了，她被判了3年刑。对这次举动，她总结为"胆子太大了"。

她在监狱里待了2年半，这期间，丈夫和她离了婚，并要走了女儿的抚养权，每每想到这些，她就想一死了之。但是，生性倔强的她终于还是熬了过来，因表现良好，被提前半年释放。

回到家中，她不打算再做印刷生意了，就从哥哥那里借来2万元，开始了投资生涯。为保守起见，她找的都是店面，她投了一间商铺，只交了1万元定金，几个月后转手就赚了4万多。靠着"胆子大，眼光好"，到2007年年底，她手里的2万已经变成20多万。

2007年的年底，看着股票市场一直在牛市坚挺，再加上对2008年存有太多的憧憬和梦想，她抽出自己的全部资金投进股市，计划着和2008年的奥运会一起风光一回。初期，的确赚了一笔，但是让人猝不及防的金融危机来了，股票暴跌，她的20多万仅仅剩下6万多。同时，之前投资的两家商铺，也一直租不出去，只能眼睁睁看着亏钱。

董静感觉自己又一次被扔进了黑暗中，那么无助，又那么无奈，年近30岁的她，一下子沧桑了许多。她在床上躺了整整两天两夜，第三天早上，她爬起来，用冷水洗了一把脸，对着镜子里的自己说，这辈子监狱都坐了，还有什么事情不能承受？大不了从头再来！

这个世界上大多数人都失败过，一些人越战越勇，排除万难迎来了成功，而另外一些人却从此一蹶不振，陷入人生的泥沼。其实，所有的不幸都不可怕,可怕的是我们丧失了斗志,失去了面对的勇气。只要我们的生命还在,跌倒了就爬起来,所有的伤痛都可以治愈!

有一首诗写道:"白云跌倒了,才有了暴风雨后的彩虹。夕阳跌倒了,才有了温馨的夜晚。月亮跌倒了,才有了太阳的光辉。"在坚强的生命面前,失败并不是一种摧残,也并不意味着你浪费了时间和生命,而恰恰是给了你一个重新开始的理由和机会。

一次讨论会上,一位著名的演说家面对会议室里的200多人,手里高举着一张50元的钞票问:"谁要这50块钱?"一只只手举了起来。

他接着说:"我打算把这50块钱送给你们当中的一位,在这之前,请准许我做一件事。"他说着将钞票揉成一团,然后问:"谁还要?"仍有人举起手来。他又说:"那么,假如我这样做又会怎么样呢?"他把钞票扔到地上,又踏上一只脚,并且用脚碾它。而后,他拾起钞票,钞票已变得又脏又皱。"现在谁还要?"还是有人举起手来。

"朋友们,你们已经上了一堂很有意义的课。无论我如何对待那张钞票,你们还是想要它,因为它并没贬值,它依旧值50元。"

在人生路上,我们又何尝不是那"50元"呢? 无论我们遇到多少的艰难困苦或是多少次失败受挫,我们其实还是我们自己,我们并不会因为一次的失败而失去固有的实力和价值,我们并不会因为身陷挫折而贬值。

现实中有太多的人曾无数次被逆境击倒、被欺凌甚至碾得粉身碎骨,因而失魂落魄地觉得自己一文不值! 事实上无论发生什么,或将要发生什么,我们永远不会丧失价值。

## 魔力悄悄话

无论肮脏或洁净,衣着齐整或不齐整,我们依然是无价之宝。只要我们抱着大不了从头再来的勇气,下次的成功就一定属于自己!

# 与其言而无信，不如别向他人承诺

"君子一言，驷马难追"，讲的是做人的信用度。一个不讲信用的人，是为人所不齿的。现在的生意场上，公司、企业做广告做宣传，树立公司、企业在公众中的形象，就是想提高公司、企业的信用度。信用度高了，人们才会相信你，和你有来往，成交生意，你办事才会容易成功。

人无信不立。信用是个人的品牌，是办事的无形资本。有形资本失去了还可以重新获得，而无形资本失去了就很难重新获得了。办事再困难也不能透支无形资本。

诸葛亮有一次与司马懿交锋，双方僵持数天，司马懿就是死守阵地，不肯向蜀军发动进攻。诸葛亮为安全起见，派大将姜维、马岱把守险要关口，以防魏军突袭。

这天，长史杨仪到帐中禀报诸葛亮说："丞相上次规定士兵100天一换班，今已到期，不知是否……"诸葛亮说："当然，依规定行事，交班。"众士兵听到消息立即收拾行李，准备离开军营。忽然探子报魏军已杀到城下，蜀兵一时慌乱起来。

杨仪说："魏军来势凶猛，丞相是否把要换班的4万军兵留下，以退敌急用。"诸葛亮摆手说："不可。我们行军打仗，以信为本，让那些换班的士兵离开营房吧。"众士兵闻言感动不已，纷纷大喊："丞相如此爱护我们，我们无以报答丞相，决不离开丞相一步。"蜀兵人人振奋，群情激昂，奋勇杀敌，魏军一路溃散，败下阵来。

诸葛亮向来恪守原则，换班的日期来到，即毫不犹豫地交班，就是司马懿来攻城也不违反原则。以信为本，诚信待人，终于完成了他的杰作。

顾炎武曾以诗言志："生来一诺比黄金，那肯风尘负此心"，以此表达自己坚守信用的态度。言必信，行必果，不但是对人的尊重，更是对己的尊重。

当朋友托我们给他办事时，我们若能提供帮助那是义不容辞。但是，办事要量力而行，不要做"言过其实"的许诺。因为，诺言能否兑现除了个人努力的问题，还有一个客观条件的因素。平时可以办到的事，由于客观环境变化了，一时又办不到，这种情形是常有的事。因此就需要我们在朋友面前不要轻率地许诺，更不能明知办不到还打肿脸充胖子，在朋友面前逞能，许下"寡信"的"轻诺"。

当你无法兑现诺言时，不仅得不到朋友的信任，还会失去更多的朋友。

有一个年轻人在银行工作，他过去的老师想开一家公司，却缺少资金，便去问他能不能帮忙贷款。他想："这是老师第一次找自己帮忙，怎么能拒绝呢？"当即一口答应。可是，他毕竟刚参加工作不久，还没取得说话的资格，老师的贷款请求又不完全合乎规章，所以，当老师租好门面，请好员工，等着资金开业时，他这里却拿不出钱来，搞得很被动。老师大怒，责备他说："你这不是捉弄我吗？你即使不想帮我，也不该害我！"他能说什么呢？只好苦笑而已。

有些人是不好意思拒绝别人而向他人承诺，而有些人则喜欢胡乱吹嘘自己的能力，随随便便向别人夸下海口，承诺自己根本办不到的事情。结果不但事情没有办成，自己的人缘也搞臭了。

某厂职工小方，经常向同事炫耀自己在市房管所有熟人，能办房产证，而且花钱少、办事快。开始人们还信以为真，有些急于办理房产证的同事便交钱相托，但时过多日，不见回音，问到小方，他说："近来人家事儿太多，再等等。"拖得时间长了，同事们对他的办事能力产生怀疑，便向他要钱，他找理由说："谋事在人，成事在天。懂不懂？你的事儿虽然没办成，可我该跑的跑了，该请的请了，你不能让我为你掏腰包吧？"言下之意，钱没了。

从此以后，小方的话再也没人信了，以至于人们在闲暇聊天时，只要小方往人群里一站，大伙好像有一种默契似的，开始沉默不语，继而纷纷散去。

既然许下诺言，那么无论刀山火海都不能反悔，你不能言而无信。所以,干脆不要轻易向人承诺,不轻易向人许诺你可能办不到的事,就不会失信于人。

　　一个商人临死前告诫自己的儿子:"你要想在生意上成功,一定要记住两点:守信和聪明。"

　　"那么什么叫守信呢?"儿子焦急地问。

　　"如果你与别人签订了一份合同,而签字之后你才发现你将因为这份合同而倾家荡产,那么你也得照约履行。"

　　"那么什么叫聪明呢?"

　　"不要签订这份合同。"

　　如果将守信理解为一种品德,那么可能会较难坚持,但如果将它理解为一种回报率很高的长期投资,可能会比较容易变成一种自觉的行动。当你获得了一个守信用的形象时,就会获得越来越多人的信任,也会因而带来越来越多的机会,这就好似拥有了一座金矿。反之,缺此一条,别的方面再优秀,也难成大器。

## 魔力悄悄话

　　要获得守信的形象并不容易。最要紧的一条是,别答应你无法兑现的事。这不仅是一个主观上愿不愿意守信的问题,也是一个有无能力兑现的问题。一个人经常答应自己无力完成的事,当然会使别人一次又一次失望。

# 说话时要给自己思考的余地

有位做母亲的感觉很苦,因为她与自己上小学的儿子无法沟通。她苦口婆心地与儿子谈,却总是没有效果。这一天,儿子在学校又惹事了,母亲却因突发咽喉炎而失声,当她拉着孩子的手与他面对面坐下时,她很急、很气,但不能说一句话,只是紧紧地将孩子的手握在手心,很久。

第二天,儿子对母亲说:"妈妈,你昨天什么都没说,但我全明白了。"

出乎意料的效果,让母亲热泪盈眶。

是的,有时候,没有声音强过有声音。在职场上,为什么不让自己多做事,少说话呢? 所谓"祸从口出",如果少说话,不但不会有被同事出卖的危险,而且也不会因为你说得少,就剥夺了你表现自己的机会,因为大多数上司看中的是你做了什么,而不是你说了什么。

我们在说话之前,一定要"话到嘴边绕三圈",给自己思考的余地,想好了再说,而不要为了一时的痛快招灾惹祸。

## 把"我的"说成"我们的"

《福布斯》杂志上曾登过一篇名为《良好人际关系的一剂药方》的文章,其中有几点值得借鉴:

语言中最重要的 5 个字是:"我以你为荣!"

语言中最重要的 4 个字是:"您怎么看?"

语言中最重要的 3 个字是:"麻烦您!"

语言中最重要的 2 个字是:"谢谢!"

语言中最重要的 1 个字是:"你!"

语言中最次要的 1 个字是："我。"

亨利·福特二世描述令人厌烦的行为时说："一个满嘴'我'的人，一个独占'我'字，随时随地说'我'的人，是一个不受欢迎的人。"

农夫甲和农夫乙忙完了田里的工作，一起回家。他们走在路上，农夫甲忽然发现地上有一把斧头，就跑过去捡起那把斧头。他说："我们发现的这把斧头还挺新啊！"就想带回家占为己有。农夫乙看到这把斧头是农夫甲发现的，应该归他所有，就对农夫甲说："你刚才说错了，你不应该说'我们发现'，因为这是你先看见，所以你应该改口说'我发现了一把斧头'才对。"

他们两个继续往前走，农夫甲的手上仍然拿着那把斧头。过了一会儿，遗失这把斧头的人走了过来，远远地看见农夫甲的手上拿着他的斧头，就匆匆忙忙地追上来，眼看对方就要追上来了。这时候农夫甲很紧张地看了农夫乙一眼。然后说："怎么办？这下子我们就要被他捉到了。"

农夫乙听他这么一说，知道甲想把责任归咎到两个人的身上。于是农夫乙就很严肃地对农夫甲说："你说错了，刚才你说斧头是你发现的，现在人家追来了，你就应该说'我快被他捉到了'，而不是说'我们快被他捉到了'。"

在人际交往中，"我"字讲得太多并过分强调，会给人突出自我、标榜自我的印象，这会在对方与你之间筑起一道防线，形成障碍，影响别人对你的认同。因此，关注攻心的人，在语言交流中，总会避开"我"字，而用"我们"开头。

人们最感兴趣的就是谈论自己的事情，而对于那些与自己毫无相关的事情，大多数人觉得索然无味。对于你表现出很大兴趣的事情，常常不仅不能引起别人的共鸣，说不定别人还觉得好笑。年轻的母亲会热情地对人说："我们的宝宝会叫'妈妈'了。"她这时的心情是高兴的，可是旁人听了会和她一样地高兴吗？不一定，谁家的孩子不会叫妈妈呢？你可不要为此而大惊小怪！这是正常的事情，如果是不会叫妈妈的孩子那才是怪事呢。所以，在你看来是充满喜悦的事情，别人却不一定有同感，这是人之常情。

竭力忘记你自己，不要总是谈你个人的事情。人人喜欢的是自己最熟知的事情，那么，在交际上你就可以利用别人的这一特性，尽量去引导别人说他自己的事情，这是使对方高兴最好的方法。你以充满同情和热诚的心去听他叙述,你一定会给对方以最佳的印象,并且对方会热情欢迎你,热情接待你。

美国著名的柯达公司创始人伊斯曼,捐赠巨款在罗彻斯特建造一座音乐堂、一座纪念馆和一座戏院。为承接这批建筑物内的坐椅,许多制造商展开了激烈的竞争。但是,找伊斯曼谈生意的商人无不乘兴而来,败兴而归,一无所获。正是在这样的情况下,"优美座位公司"的经理亚当森,前来会见伊斯曼,希望能够得到这笔价值9万美元的生意。

伊斯曼的秘书在引见亚当森前,就对亚当森说:"我知道您急于想得到这批订单,但我现在可以告诉您,如果您占用了伊斯曼先生5分钟以上的时间,您就完了。他是一个很严厉的大忙人,所以您进去后要快快地讲。"亚当森微笑着点头称是。

亚当森被引进伊斯曼的办公室后,看见伊斯曼正埋头于桌上的一堆文件,于是静静地站在那里仔细地打量起这间办公室来。

过了一会儿,伊斯曼抬起头来,发现了亚当森,便问道:"先生有何见教?"

秘书把亚当森作了简单的介绍后,便退了出去。这时,亚当森没有谈生意,而是说:"伊斯曼先生,在我等您的时候,我仔细地观察了您这间办公室。我本人长期从事室内的木工装修,但从来没见过装修得这么精致的办公室。"

伊斯曼回答说:"哎呀!您提醒了我差不多忘记了的事情。这间办公室是我亲自设计的,当初刚建好的时候,我喜欢极了,但是后来一忙,一连几个星期我都没有机会仔细欣赏一下这个房间。"

亚当森走到墙边,用手在木板上一擦,说:"我想这是英国橡木,是不是?意大利的橡木质地不是这样的。"

"是的,"伊斯曼高兴得站起身来回答说,"那是从英国进口的橡木,是我的一位专门研究室内橡木的朋友专程去英国为我订的货。"

伊斯曼心情极好,便带着亚当森仔细地参观起办公室来了。

他把办公室内所有的装饰一件件向亚当森做介绍,从木质谈到比例,又从比例扯到颜色,从手艺谈到价格,然后又详细介绍了他设计的经过。

此时,亚当森微笑着聆听,饶有兴致。他看到伊斯曼谈兴正浓,便好奇地询问起他的经历。伊斯曼便向他讲述了自己苦难的青少年时代的生活，母子俩如何在贫困中挣扎的情景，自己发明柯达相机的经过，以及自己打算为社会所做的贡献……亚当森由衷地赞扬他的功德心。

之前秘书警告过亚当森，谈话不要超过 5 分钟。结果，亚当森和伊斯曼谈了 1 个小时，又 1 个小时，一直谈到中午。

最后伊斯曼对亚当森说："上次我在日本买了几张椅子，放在我家的走廊里，由于日晒，都脱了漆。昨天我上街买了油漆，打算由我自己把它们重新油好。您有兴趣看看我的油漆表演吗？好了，到我家里和我一起吃午饭，再看看我的手艺。"

午饭以后，伊斯曼便动手，把椅子一一漆好，并深感自豪。直到亚当森告别的时候，两人都未谈及生意。最后，亚当森不但得到了大批的订单，而且和伊斯曼结下了终身的友谊。

为什么伊斯曼把这笔大生意给了亚当森，而没给别人？这与亚当森的口才很有关系。如果他一进办公室就谈生意，十有八九要被赶出来。亚当森成功的诀窍，就在于他了解攻心对象。他从伊斯曼的办公室入手，巧妙地赞扬了伊斯曼的成就，谈得更多的是伊斯曼的得意之事，这样，就使伊斯曼的自尊心得到了极大的满足，把他视为知己。这笔生意当然非亚当森莫属了。

## 不要脱口而出说"你错了"

当我们犯了错误时，并非意识不到犯了错误，只是顽固地不肯承认而已。所以，当你对一个人说"你错了"时，必然会撞在他固执的墙上。

没有几个人具有逻辑性思考的能力。我们多数人都具有武断、固执、嫉妒、猜忌、恐惧和傲慢等缺点，所以我们很难向别人承认自己错了。而且，一个人说错话或者做错事，总是有原因的，所以我们即使明知自己错了，也会强调客观原因，认为错得有理。

正如罗宾森教授在他的《下决心的过程》中所说：

"我们有时会在毫无抗拒或热情淹没的情形下改变自己的想法，但是如果有人说我们错了,反而会使我们迁怒对方,更固执己见。我们会毫无根据地形成自己的想法,但如果有人不同意我们的想法时,反而会全心全意维护我们的想法。显然不是那些想法对我们珍贵,而是我们的自尊心受到了威胁……'我的'这个简单的词,是为人处事的关系中最重要的,妥善运用这两个字才是智慧之源。不论说'我的'晚餐,'我的'狗,'我的'房子,'我的'父亲,'我的'国家或'我的'上帝,都具备相同的力量。我们不但不喜欢说我的表不准,或我的车太破旧,也讨厌别人纠正我们对火车的知识……我们愿意继续相信以往惯于相信的事,而如果我们所相信的事遭到了怀疑,我们就会找借口为自己的信念辩护。结果呢,多数我们所谓的推理,变成找借口来继续相信我们早已相信的事物。"

有一位先生,请一位室内设计师为他的居所布置一些窗帘。当账单送来时,他大吃一惊,意识到在价钱上吃了很大的亏。

过了几天,一位朋友来看他,问起那些窗帘的价格时,说:"什么? 太过分了。我看他占了你的便宜。"

这位先生却不肯承认自己做了一桩错误的交易,他辩解说:"一分钱一分货,贵有贵的价值,你不可能用便宜的价钱买到高品质又有艺术品位的东西……"

结果,他们为此事争论了一个下午,最后不欢而散。

当我们不愿承认自己错了的时候,完全是情绪作用,跟事情本身已经没有关系。当我们错的时候,也许会对自己承认,如果对方处理得很巧妙而且和善可亲,我们也会对别人承认,甚至为自己的坦白直率而自豪。但如果有人想把难以下咽的事实硬塞进我们的食道,那我们是决不肯接受的。

既然我们自己是这种习性,那么就可以理解别人也具有同样的习性,因此不要把所谓"正确"硬塞给他。

有一位汽车代理商,在处理顾客的抱怨时,常常冷酷无情,决不肯承认是自己这方面的错误,总想证明问题的根源是顾客在某些方面犯了错误。结果,他每天陷于争吵和官司纠纷中,心情一天比一天坏,生意也大不如以前。

后来,他改变了处理客户抱怨的办法。当顾客投诉时,他首先说:"我们确实犯了不少错误,真是不好意思。关于你的车子,我们有什么做得不合理的地方,请你告诉我。"这个办法很快使顾客解除武装,由情绪对抗变成理智协商,于是事情就容易解决了。如此一来,这位代理商就能轻松地处理每一件事情,生意也越来越好。

当我们说对方错了的时候,他的反应常让我们头疼,而当我们承认自己也许错了时,就绝不会有这样的麻烦。这样做,不但能避免所有的争执,而且可以使对方跟你一样地宽宏大度,承认他也可能弄错。

古埃及阿克图国王在一次酒宴中对他的儿子说:"圆滑一点,它可使你予求予取。"

不要对别人的错误过于敏感,不要执着于所谓正确的意见,不要轻易刺激任何人。如果你要使别人同意你,应当牢记的一句话就是:"尊重别人的意见,永远别轻易说'你错了'。"

## 不要随便把自己的"破绽"告诉对方

前不久,小张抱怨说自己被同事出卖了。他们两个是一同进的公司,工作表现也相差不多。面临严峻的经济形势,公司有裁员的打算。因为他们是好朋友,所以无话不谈。在一次吃饭的过程中,他对自己的同事说:"最近人心惶惶,一点也没有工作的心思,所以我就上班玩游戏打发时间。"

同事非常好奇地问:"难道不怕被老板发现吗?"

小张沾沾自喜地说自己有妙招:"我打的是隐蔽性极强的巨人游戏。"

可想而知,他的同事为了保住自己的饭碗,将这件事告发了。就在他游戏玩得正酣之时,老板站到了他的电脑前,铁证如山,他无言以对。他只能看着愤怒的老板离去,并且等待着被裁的消息。

被出卖的感觉许多人都明白,一旦被出卖,感觉全世界都骗了你,感觉你只是工具,你被人利用了,从尊严和人格上,都被污辱了。而同事之间的出卖更是家常便饭,难怪很多人郁闷地问了一次又一次:"职场上到底有没有朋友?"

我可以回答你:"有的。"

"是朋友,为什么要出卖我?"你一定会接着这样问。

答案很简单,第一,前面说过,朋友要分等级,你认为他是朋友,可是,职场便是一个利益场,"朋友"这个概念显得非常苍白。第二,出卖你的也许不是你的同事,而是你自己。不是吗?谁让你口无遮拦,恣意妄为?谁让你说对自己没有好处的话,或者自己违反纪律的话?这纯粹是一种愚蠢的行为。

如果把职场比喻成为一片汪洋,每个在汪洋中奋进的泳者,除了要锻炼自己的泳技实力外,也要顾虑起伏的潮汐,行有余力,还可以当个救生员来拉同事一把。然而并不是任何人都可以胜任救生员的工作,毕竟想要救人,得先学会自救。

热心的救生员或许曾救过无数的人,然而,也有救生员在执行救人任务时,惨遭对方拖下水。

曾经在职场上有过被人出卖经验的人,没有不为自己捏把冷汗的。别以为平日同事对自己照顾有加,就可以全然不顾一切对他掏心掏肺,害人之心不可有,防人之心不可无!

可实际生活中,许多人都有一个通病,就是在闲暇的时候喜欢议论他人,但是千万要记住,议论也要分场合和对象。在午休时,或是在闲暇的时候与同事聊天,不注意说了关于上司和公司的坏话,说不定就会被谁听了去,结果传到了上司的耳中。或者是关系非常好的几个同事聚在一起喝酒,谈论的话题总是有关公司和上司的,总爱发表一下对公司或上司的意见或不满,结果被传到上司那儿,上司对你的态度就大不如从前。

这种事在现实生活中确实不少。同事之间的相处要把握好尺度,不要全部交心,即使是关系非常要好的同事。相互发一些有关上司的牢骚,也是不明智的行为。同事之间应该是相互勉励、相互促进的关系。

在工作过程中,因每个人考虑问题的角度和处理问题的方式难免有差异,对上司所做出的一些决定有看法,在心里有意见,甚至变为满腔的牢骚,这些都是难免的,但切记不可到处宣泄,否则经过几个人的传话,即使你说的是事实也会变调变味,待上司听到了,便成了让他生气难堪的话了,难免会让上司对你产生不好的看法。

同样,无论出于什么样的目的,涉及公司商业秘密的话也不要随便外传。这样的话说出去以后,一样会招来"杀身之祸"。

下面故事中,小强的亲身经历,也许可以让你明白这个道理。

小强曾经放弃了原本发展不错的外资公司，与上司一起跳槽。因为他是老上司极力推荐的人选，新公司老总还算器重和信任他，把一些较为复杂的工作放心地交给他去做。这让他较欣慰，尤其让他高兴的是，只要他一从老总办公室出来，大伙就对他亲热起来，问长问短。

时间一长他发现，原来，大家总是想从他口里套到公司的有关机密。为了和大家打成一片，他就把一些事告诉了大家。可后来他发现，如此的"牺牲"并没换来同事的真心。一天同事在背后说："一个连老板都敢出卖的人，估计不是什么好人，谁敢和他走得近！"听到这种话，他欲哭无泪，也很心寒。

让他更没有想到的是，有同事将他所说的秘密告诉了老总。老总知道后非常愤怒，因为一个自己如此信任的人却可以随便将公司未公布的机密透露出去，说明了这个人不可信，老总觉得信错了小强。一怒之下，只能将小强开除了事。

有一个寓言故事也充分说明了这个道理。

森林里，狐狸垂涎刺猬的美味很久了，但一直苦于刺猬的一身硬刺，狐狸一点办法都没有。

刺猬和乌鸦是好朋友，一天，刺猬和乌鸦聊天，乌鸦说很美慕刺猬有这么好的铠甲，刺猬经不起乌鸦的吹捧，忍不住对乌鸦说："我的铠甲也不是没有弱点。当我全身蜷起时，腹部还有个小眼不能完全蜷起。如果朝那个小眼吹气，我受不了痒，就会打开身体。这个秘密我只跟你说，千万要替我保密，要传出去被狐狸知道了，那我就死定了。"

乌鸦信誓旦旦地说："放心好了，你是我的好朋友，我怎么会出卖你呢？"

不久，乌鸦落在了狐狸的爪下。就在狐狸要吃乌鸦时，乌鸦想到刺猬的秘密，就对狐狸说："你放了我，我就告诉你刺猬的死穴。"

于是狐狸放了乌鸦，后果可想而知。

其实，真正出卖刺猬的是它自己。它生活在一个充满危险、弱肉强食的森林里，能保护它的只有一身硬刺。它却为逞一时口舌之快，把自己的破绽告诉了乌鸦。

职场犹如战场，每个人也许都有自己那层别人所不能拥有的"铠甲"，这是自己安身立命的根本。即使面对关系颇好，跟自己没有直接利益关系的同事也不能随便说出去，否则这个同事遇到困难之时，也许会将你的这个秘密作为交换的筹码，去取得自己的利益。

自己都不能替自己保守的秘密，又怎能要求别人替你保守呢？

所以，保护自己至关重要。在工作中，可以与同事抱着交朋友的心理，但事事要留三分，话到舌边绕三圈。

一次无心的议论也许会变成他人的成事跳板，对自己无疑是一大坏处。所以记得一定主动管好你的嘴巴。

1. 对于不该说的话坚决不要说，哪怕自己憋得不行，也不能轻易在同事面前抱怨或者倾诉，可以找自己生活中的朋友或者同学来排解。

2. 职场上的同事，可以是朋友，但当利益来临之时，朋友的关系也会随之变质。

3. 不要事事都掏心窝子似的告知他人，因为总有一天这也许会成为危害自己职业安全的撒手锏。

4. 老板是一个人，而不是神，他不能眼观六路，耳听八方，偏听偏信在所难免。也没有那么多时间一一调查了解每一个细节，所以不要轻易给同事留下告密的把柄。

## 魔力悄悄话

无论是与朋友还是客户交谈，多谈一谈对方的得意之事，这样容易赢得对方的赞同。如果恰到好处，他肯定会高兴，并对你心存好感。

# 思考如何待人处事

"逆鳞"一说可能许多人并不太了解。逆鳞就是龙喉下直径一尺的地方,传说中龙的身上只有这一处的鳞是倒长的,无论是谁触摸到这一位置,都会被激怒的龙杀掉。

人也是如此,无论一个人的出身、地位、权势、风度多么傲人,都有不能被别人言及、不能冒犯的角落,这个角落就是人的"逆鳞"。

因为人人都有各自不同的成长经历,都有自己的缺陷、弱点,也许是生理上的,也许是隐藏在内心深处不堪回首的经历,这些都是他们不愿提及的伤疤,是他们在社交场合极力隐藏和回避的问题。被击中痛处,对任何人来说,都不是一件令人愉快的事。无论是对什么人,只要你触及了他这块伤疤,他都会采取一定的方法进行反击,从而获求一种心理上的平衡。

揭短,有时是故意的,那是互相敌视的双方用来攻击对方的武器;有时又是无意的,那是因为某种原因一不小心犯了对方的忌讳。但是总体来说,有心也好,无意也罢,在待人处世中揭人之短都会伤害对方的自尊,轻则影响双方的感情。重则导致人际关系紧张。

张小姐是某机关办公室文员,她性格内向,不太爱说话。可每当就某件事情征求她的意见时,她说出来的话总是很"刺",而且她的话总是在揭别人的短。

有一回,自己部门的同事穿了件新衣服,别人都称赞"漂亮""合适"之类的话,可当人家问张小姐感觉如何时,她直接回答说:"你身材太胖,不适合。"甚至还说:"这颜色真艳,只有街头早晨锻炼的老太太才这样穿。"

这话一出口,便使得当事人很生气,而且周围大赞衣服如何如何好的人也很尴尬。

虽然有时张小姐会为自己说出的话不招人喜欢而后悔,可很多时候,她照样说特让人接受不了的话。久而久之，同事们把她排除在团体之外，很少就某件事去征求她的意见。

尽管这样，如果偶然需要听听她的意见时，她还是管不住自己，又把别人最不爱听的话给说出来了。

现在在公司里几乎没有人主动搭理她，张小姐自然明白大家不搭理她的原因。

我们常说矬子面前不说短、胖子面前不提肥、"东施"面前不言丑，对让人失意的事应尽量避而不谈。避讳不仅是处理人际关系的技巧问题，更是对待朋友的态度问题。尊重他人就是尊重自己。要为自己留口德。

通常情况下，人在吵架时最容易暴露其缺点。无论是挑起事端的一方还是另一方，都是因为看到了对方的缺点并产生了敌意，敌意的表露使双方关系恶化，进而发生争吵。争吵中，双方在众人面前互相揭短，使各自的缺点都暴露在大庭广众之下，无论对哪一方来说都是不小的损失。

某公司的一个部门里有两个职员，工作能力难分伯仲，互为竞争对手，谁会先升任科长是部门内十分关心的话题。但这两个人竞争意识过于强烈，凡事都要对着干。快到人事变动时，他们的矛盾已激化到了不可收拾的地步，好几次互相指责，揭对方的短。科长及同事们怎么劝也无济于事。结果，两人都没有被提升，科长的职位被部门其他的同事获得了。因为他们在争执中互相揭短，在众人面前暴露了各自的缺点，让上级认为两人都不够资格提升。

《菜根谭》中有句话："不揭他人之短，不探他人之秘，不思他人之旧过，则可以此养德疏害。"做大事的人，他不会冒冒失失地挑起争端，反而会做好表面文章，让对方觉得你对他是富有好感，凡事为他着想的。

打人不打脸，骂人不揭短。言论自由的现代社会，人们一样也有忌讳心理，有自己与人交往所不能提的"禁区"。在办公室中，尤其是那种当面揭短的话更是不能说，因为揭短不但会使同事之间的关系恶化，还可能造成更为严重的后果。

但事实是，有些人认识到揭短的害处，甚至会奉劝自己的朋友，自己却在行为上不能克制。只能提醒别人而不能提醒自己,这同样是很危险的。

在一座小城里,有一个老太太每天都会坐在马路边望着不远处的一堵高墙,她总觉得它马上就要倒塌,很危险。于是见有人向那里走过去,她就善意地提醒:"那堵墙要倒塌了,远着点走吧。"

被提醒的人不解地看着她,大模大样地顺着墙根走过去了,但那堵墙并没有倒塌。老太太很生气:"怎么不听我的话呢?"

接下来的3天,她仍然在提醒着别人,但许多人都从墙根走过去了,也没有遇到危险。

第四天,老太太感到有些奇怪,又有些失望:"它怎么没有倒呢?明明看着要倒的啊。"

她不由自主地走到墙根下仔细观望,然而就在此时,墙终于倒塌了,老太太被淹没在石砖当中,当场气绝身亡。

为什么我们不能在提醒别人的时候也提醒自己呢?

提醒自己给别人留点余地、给别人留点尊严。每个人都有不足的地方,容许别人的不足,也是对自己的宽恕,因为世界上没有完人,包括自己。

1. 不要以为随便揭别人的短,可以让自己显得更加高尚。错了,这么做只能说明自己没有道德。

2. 想在上司面前揭同事的短,来借此突出自己是极为危险的。

3. 如果你当面揭上司的短,那么就做好走人的准备吧。

**魔力悄悄话**

任何一个人都是可以成为敌人也可成为朋友的,而多一些朋友总比四面树敌要好。把潜在的对手转化为自己的朋友,这才是最好的办法。

# 第四章
## 用正向思考力演绎人生

　　所谓正向思考，就是在人们遇到困难或挫折时，大脑中所产生的一种将事件和感觉向积极方向牵引的思考，这种思考可以为我们带来强大的积极力量。帮助我们保持心态的平和与积极，使我们的心灵变得坚韧，充满弹性，能够接受一切困境，并企图找到方法改变现状。可以说，正向思考驾驭了我们的成功、快乐和幸福。

# 正向思考你的"负面脚本"

1951 年,为了研究 DNA 的具体结构,英国女科学家罗莎琳德·富兰克林一直在努力完善 X 射线图像。1952 年 5 月,她终于得到了最为重要的一个 X 射线衍射图片,她发现 DNA 呈现出了两种结构,一种是双螺旋结构,一种是三条链结构。但是得到这个结果之后,富兰克林就再也没有获取数据来证明 DNA 的具体结构,也没有做出有关于此的任何假说,于是富兰克林暂时搁置了自己的 DNA 研究。

后来,沃森见到了富兰克林拍摄的 DNA 照片副本。一看到照片,沃森激动不已,通过照片,他一下子恍然大悟,他想到,只有螺旋结构,才会呈现出那种醒目的交叉型的黑色反射线条。于是,沃森立刻写下结论,认定 DNA 是双螺旋结构。接着,他与克里克共同提出了 DNA 的双螺旋假说。1962 年,沃森与克里克因为 DNA 结构的提出,获得了诺贝尔医学奖。

负向思考的阻挠力就是这样巨人。富兰克林能够最终获得重要的 X 射线衍射图片,源于她长久的正向思考的支持,但是一个负向思考就让她的研究彻底中断,自行埋没了自己的伟大发现。相比于富兰克林,沃森和克里克无疑是幸运的,因为他们的发现是如此简单而轻易,而这正是正向思考带给他们的结果。如果富兰克林能够多一份坚持,多做一些积极的尝试,也许获奖的就会是她。

"人无完人,金无足赤"。任何人都有缺点,任何人也都有可能存在负面脚本,自我完善的过程就是一个不断清除负面脚本的过程,负面脚本清除得越多,我们的人生也就更加完美。

我们每一个人的身上都会存在负面思维,这也是为什么我们总是无法达到完美自我的原因。

举个最简单的例子,如果在一早上班时没有准时赶上公交车,也许就会有不少人抱怨:今天怎么这么倒霉? 为什么我这么晚才到,为什么公交车不能晚走一会儿? 负向思考时常就会这样跳出来为我们制造麻烦,如果这种负面思考经常出现,就会使我们渐渐形成一种负面的思维。

负面思维给人们带来的危害是巨大的,它的具体表现主要是:

第一,信念变薄弱。负面思维使人们意志力薄弱,抱着得过且过的生活态度,不求上进,容易被挫折和磨难压倒,或在顺风顺水时迷失自己。

第二,目标变模糊。负面思维使人们变得目光短浅,做事没有计划,走一步算一步,常常摸着石头过河。

第三,境界降低。负面思维使人们只想到索取,不愿为别人付出,以自我为中心,把自己放在第一位,只想改变别人,不想改变自己,容易仇恨、敌视别人。

第四,决断力低。负面思维使人决定能力降低,变得优柔寡断,不敢迈出决定性的一步。容易犹犹豫豫,担心、恐惧、徘徊不前,不敢下决心,总是处于等待状态。

第五,生活失去热情。负面思维使人们变得冷漠、清高,不愿与人合作,害怕别人比自己强。

第六,解决问题态度消极。遇到问题时常抱怨、指责、批评、推卸责任。出现不良生活习惯。做事不讲效率,举止懒散,不修边幅,经常评说是非。

第七,思想保守。循规蹈矩,故步自封,不敢越雷池半步。

第八,行为消极。怕苦怕累,主观上无法接受挫折和失败,遇到困难就后退,认为任何事都很难成功。

如果这种负面思维占了上风,人们就很容易在遭遇挫折或是不愉快的事物时感到无助和失望,开始消极怠工,抱怨自己所处的环境,责怪他人,认为自己没有扭转局面的能力,从而使自己深陷于消极的生活状态,甚至无法自拔。

那么,我们应该如何分清正向思考与负向思考呢?

说到正向思考,人们通常会将其与一切具有积极意义的词语联系在一起,而将负向思考同一切消极意义的词语相等同。其中最容易被人们混淆的就是:悲观与乐观。

乐观就是正向思考,悲观就是负向思考,很多人都会很自然地将它们如此归类。粗略看来,这样的划分好像并没有什么问题,但是实际上,这却是一种错误的划分。乐观的生活态度固然是一种正向思考的结果，但是乐观也有可能造成负面结果，那就是乐观过度，正所谓乐极生悲，过犹不及。同样，悲观也是如此。可见过度乐观和过于悲观都会导致问题严重化，都是一种负向思考。

正向思考与负向思考的区别是结果的正确与错误。只要一种思考可以使结果朝向好的方向发展，那么就是正向思考。悲观者也可以是正向思考者，他们也可能取得成功、抗击挫折，只要他们拥有解决问题的决心和方法，就一样可以使结果朝好的方向发展。有些悲观者往往还拥有更强的忧患意识，这一点在顺境中更容易体现，他们会想到最坏的情况，但是却会向最好处努力，从而始终保持良好的状态，因此这样的悲观者拥有的也同样是正向思维。

但是不可否认的是，一个性格乐观的人容易做出正面思考，而一个性格悲观的人则容易做出负向思考。

《哈佛商业评论》上曾指出："越来越多的实证显示，不论是儿童、集中营的幸存者，或是东山再起的经营者，正面思考的复原力是可以学习的。"任何一个人都具备正向思考的能力，即便是一个思维负面化的人，经过训练也能学会正向思考。这种训练的本质其实就是在思考路径中加入两个重要的步骤，即反驳和激励。经由这样的刺激和反抗，负面思想才会逐渐向正面转化。

反驳是指对负面脚本、负面决策进行反驳，而激励是指强化反驳的能量，加深反驳的方向。如果你发现自己的思想中出现了负面的东西，就可以借由这两个步骤来改变自己的思路方向，经过练习使负面抱怨转化为正面感激，提高正向能量。

在日常生活中我们可以通过以下几个步骤来踢出自己的"负面脚本"。

◎实时反驳自己的负向思考

以赶公交车迟到为例，如果你的大脑正在做负向思考，就会发出一系列负面信号，这时你就要对这些负面信号进行反驳，提醒自己必须积极起来，然后去想还有其他的解决办法，如是否可以改坐出租车等。

◎实时激励自己

当你通过反驳截止了负面思考的蔓延，你还要为这种反驳提供持续的力量，这就是激励，激励自己朝着积极的方向思考，你的正向思路就会更坚实。

◎意识到不良意志和品质的危害

懒惰、拖延、盲从、怯懦、冲动和优柔寡断等都是失败的祸根，也是形成负面脚本的根源，我们必须认识到这些因素的害处，并及时改正它们。

◎反复练习

从战胜一次负向思考开始，用结果验证思想，进行反复练习，只要有负面思考出现，无论大事小事，都要认真对待。通过不断地练习，使自己形成正向思维。

◎坦然接受不能改变的

现实中缺陷总会存在，一帆风顺和完美无缺的人生几乎不存在，坦然接受生活中的缺陷，不要躲避、不要侥幸逃离。

◎勇敢迎接挫折

直面挫折或是失败，从中发现自己的不足和缺点。并抱着积极的心态寻找解决的办法。

◎相信自己的价值

不过分苛求自己，不在无意义的事物上过于花费时间，找到自己的方向，并坚持不懈地走下去。

◎提高解决问题的能力

任何事情都有解决的方法，努力通过运用逆向思维、发散思维等提高自己解决问题的能力。

魔力悄悄话

正向思考也称正面思考或是积极思考，是指以积极、正向的心态看待所处的种种状况。反之，负向思考是指以消极、负向的心态看待所处的种种情况。

# 正向思考者有哪些特质

对我们来说，正向思考是一种强大的力量。它不仅能够让我们的心智变得坚定、积极，而且直接作用于我们的身体，使我们获得心灵、身体的双重支持。

经科学家研究证明，正向思考的神经系统所分泌的神经传导物质具有促进细胞生长发育的作用。因为人体的神经系统与免疫系统相互关联，所以在人们展开正向思考时，身体的免疫细胞也会同样变得活跃起来，并继续分化出更多的免疫细胞，使人体的免疫力增强。所以一个积极面对生活、对身边一切经常采取正面思考的人，更不容易生病，也更容易获得长寿、健康的人生。

另外研究学者寇菲也指出：人们在挫折面前，有超过九成的人会有退缩、攻击、固执、压抑等反应，而善于运用正向思考的人会有这些反应的比率则低于一成。

美国心理学家马丁·塞利格曼也曾对修女做过一项关于快乐和长寿的研究。被纳入研究范围的 180 位修女几乎都过着有规律的与世隔绝的生活，不喝酒也不抽烟，几乎吃着同样的食物，都有相似的婚姻和生育历史，都没有被传染过性病，社会地位以及享受到的医疗照顾也基本相同，但是这些修女的寿命和健康状况差别仍然很大。其中有人年纪接近百岁仍然身体健康，而有人则在年过半百时就患病而终。

后来塞利格曼专家发现，那些寿命较长的修女总是拥有着快乐、积极的生活态度。一位 98 岁的修女曾在她的自传中写道："上帝赐给我无价的美德使我起步容易。过去一年在圣母修道院的日子非常愉快，我很开心地期待正式成为修道院的一员，开始与慈爱天主结合的新生活。"

这位修女的健康与长寿很大程度上得益于她乐观的心态。

可见，正向思考带给我们的力量是由心至身的，也是巨大的、不可替代的。它带给我们无限向上的力量，让我们即使面对逆境也能保持乐观、积极的心态，不会因为遭遇困难而怨天尤人、一蹶不振，更不会郁闷成疾，它是可以经由我们自行制造的健康保护伞和心理调节器。

一个女孩因为不慎丢失了一条非常心爱的项链，所以心情一直很低落，长达两个星期茶不思、饭不想，还因此生了一场大病，很久都没有痊愈。后来一个神父前去看望她，并问她道："假如哪天你不小心丢失了 10 万元钱，你会不会吸取教训防止再丢失另外 20 万元？"

女孩毫不犹豫地回答："当然会。"

神父接着又问道："但是你为什么要在丢掉一条项链之后，还要丢掉两个星期的快乐，甚至还因此大病了一场，丢掉了自己的健康呢？"

听了神父的话，女孩恍然大悟，一下子跳下床，说："是啊，我为什么还要主动丢掉那么多属于自己的东西呢？从现在开始我拒绝再损失下去，现在我要想办法怎么才能再赚回一条项链。"

一帆风顺的人生少之又少，我们时常会面对人生的起伏跌宕，挫折、烦恼、伤害、磨难也许会毫无预兆地闯进我们的生活，使人生变得不再美好、顺畅，甚至一度变得灰暗、毫无生气。但是只要我们积极调动自己的思想，发挥正向思考的作用，就能驱走一切阴霾，拥有快乐、美好的人生。

女孩因为一条项链丢掉了快乐、丢失了健康，是因为她埋没了正向思考的力量。消极的思考只会加速美好事物的损失，而唯有正向的、积极的思考才具有吸引美好事物的独特力量。也许人生中的困难带给你的并不仅仅是丢掉一条项链那样简单的悲伤，有时甚至会压得你喘不过气，但是请记住，不论你失去了什么，你都不会失去可以正向思考的思维。只要你积极调动它，它就能驱赶一切负面因素，帮助你抵达快乐、成功的彼岸。

一天，美国前总统罗斯福的家中失窃，损失了很多钱财。一位朋友得到消息后立刻给罗斯福写了一封信，希望可以安慰他一下。不久，这位朋友就收到了罗斯福的回信，信中写道：

"亲爱的朋友，非常感谢你来信安慰我，我现在很平安，请你放心，而且我还要感谢上帝。首先，小偷偷去的是我的东西，但是没有伤害到我的生命;其次,小偷只偷去了我家的一部分东西,而不是所有;再次,最让我值得高兴的是,做小偷的是他,而不是我。"

这是一个广为流传的故事,罗斯福所列举出的 3 条感谢上帝的理由,充分显示了他作为正向思考者的特质。这种特质也成为他深受美国民众和世界人民尊敬的原因之一。或许谁都不曾想到,这样一位曾在美国政坛连任 4 届总统,并对联合国的建立做出过突出贡献的政界"奇才",竟然会是一个从小患有小儿麻痹症的人。罗斯福的一生都闪耀着夺目的光彩,这得益于他的聪慧与勤奋,更得益于他所具备的正向思考特质,正是这种正向思考特质使他充分发挥出了生命的力量,成为美国历史上最伟大的总统之一。

可以说,善于正向思考的人更容易获得成功的垂青。因为这些正向思考者身上有着一种独一无二的特质,能够吸引美好事物的到来。因此,我们了解并认识正向思考者所具备的特质,并将其与自身相结合,也是一个剖析自我、认识自我,并间接完善自我的过程。

善于正向思考的人都有着几乎相同的人格特质,对于人生的态度也惊人地相似,这让他们拥有了把握精彩人生的巨大力量,使他们时刻心怀感恩、积极向上,为自己的生命而歌。正如霍金所说:"我的大脑还能思维,我有终生追求的理想,有我爱和爱我的亲人和朋友,对了,我还有一颗感恩的心……"这无疑成为那些正向思考者始终都在心中哼唱着的歌谣。

归纳来看,正向思考者所具备的特质主要体现在以下 3 个方面:

(1)能够坦然面对现实。

现实也许并不总是像我们想象得那样美好,难免会上演悲伤与落寞。逃避现实只能让它们越来越近,而唯有面对,才能让我们获得与之抗争的勇气与力量。

(2)拥有深信"生命有其意义"的价值观。

任何一个生命个体都有其独特的意义,完全地发挥生命的内在力量,并将这些力量服务于社会,贡献于世界,则每个生命都可以闪现出耀眼的光芒,获得世界的认可。

(3)实时解决问题的惊人能力。

行动是一切事物得以实现的重要因素,如果只说不做,再多的思考也是徒劳。具备解决问题的惊人能力,才能获得推动事物发展的实力。

正向思考者所具备的特质仅仅3条而已,却概括地诠释了人们驾驭自我、实现生命完整价值的过程:树立信心、坚定信念、实施行动。然而这又是需要被我们深刻体会的,信心需要多大,信念需要多么坚定,行动需要付出多少艰辛与努力,都是需要我们每个人去深入了解的。

有一句名言说:"生活是一面镜子,你对它哭,它就对你哭;你对它笑,它就对你笑。"而这也恰恰总结了正向思考的内涵:用美好的心态去面对生活中的一切,就会得到一切美好的思考结果,并且这种结果会作用于生活,使它朝向美好的方向发展。

正向思考者所具备的特质无外乎3点:坦然面对现实,拥有深信"生命有其意义"的价值观、具备实时解决问题的惊人能力。但是每个人的人生都各具特色,因此要将这几点普遍的特质运用到自己的人生中,就需要我们找到这些特质与自身之间存在的契合点,并努力缩短自己的人格特质与正向特质之间的差距。

罗马著名哲学家爱比克泰德曾经说:"是否真有幸福并非取决于天性,而是取决于人的习惯。"人们在面对挫折时,容易本能地在头脑中回忆那些令自己伤痛的感觉和事物,产生消极心态。但是并不是所有人都会因为挫折而唉声叹气、止步不前,有些人无论面对多么大的挫折,都不会产生消极的心态,总是拥有拼搏的力量和斗志,一生都保持乐观的生活态度,生活得幸福、快乐。这是因为他们学会了正向思考,并将这种正向思考训练成了一种思想习惯。

最好的一种训练方法就是进行积极的自我暗示。这是一种意识作用。莫斯科未开发脑研究所的乌拉吉米尔·赖可夫博士利用催眠术来刺激未开发的脑部,进行开发能力的研究,赖可夫博士暗示志愿者"你是高更,画得一手好画",在连续10次的暗示之后,这位基本没有什么绘画功底的志愿者画出的作品竟然不输给专业画家。在生活中,我们可以借由训练来加强正面思想的灵活性。这可以通过以下几步来实现:

◎截断负面情绪

也许在遭遇挫折和不幸时,你会首先出于本能地产生一些负面的情绪,如悲伤和不快乐等。你需要首先截断这些负面情绪对你的影响,提醒自己必须暂停这些负面情绪的蔓延。

◎引入正向思考

将事情朝向美好的方向思考,放下一切思想包袱,让自己轻松面对一切。

◎将正向思考带入身边的每一件事

事物有利便有弊,所以你应该把正向思考带入自己生活中的一切,并且坚持下去,使自己的正向思考成为一种模式,一种惯性。

大千世界,每个人都在经历自己的人生,并用自己独特的方式演绎着,当然也有着多种不同的人生结果。有些人始终生活在悲观之中,一生都无法逃脱不快乐的情绪;有些人会因为别人的劝慰而逐渐走出人生的低谷;有些人因为遭遇挫折而一蹶不振,后又受到某些启示而重新充满斗志。对这些人来说,人生往往都有灰色的盲点,甚至暗淡得不堪回首。但是唯有一种人,在他们的整个人生中,从来都是充满色彩与活力的,那就是那些懂得运用正向思考的人。

魔力悄悄话

正向思考者一生都在发挥正向思考的力量,时刻保有对生活的热爱和挑战一切的激情,并借由这种力量去勾画自己的人生,不断为人生填满绚丽的色彩,从而始终拥有精彩、富有挑战性的人生。这是因为正向思考者身上的那些特质在起作用。

# 向成功者学习思维模式

在成功者的思维模式中,无论是对现实世界和社会的认识还是对自我的认知,都能找到一个相同的影子,那就是积极。正向思考的内涵也就是对一切事物进行积极层面上的思考,积极衍生沸腾、向上的力量。积极面对和思考一切事物,积极展开行动,才有可能得到积极、正向的结果,这是一种导向作用。

特别是在恶劣环境下,积极的思考可以使人们处于兴奋的情绪状态中,并促使人体各个器官和系统良好地、有效地朝着积极的指令方向发出能量,排除一切消极的、无所作为的思想干扰,帮助人们迅速挖掘自身潜力、能力和创造力。这也正是成功者之所以拥有更强生命力的原因。

另外,成功者在人生中之所以能够得到其他人的支持和肯定,也得益于他们对他人同样采取了和对待自己一样的积极态度:肯定自我、肯定他人,接受自己、接受他人,热爱自己、热爱他人。但是他们又会保持一种开阔的心境,积极地接纳周围的一切,他们更具宽容的度量。所谓"得人心者得天下",因而他们更容易获得他人的拥戴,使自己拥有召唤群体的力量。

因此,在学习成功者正向思考的过程中,我们应该学会抓住这个关键性的因素,充分认识积极带来的作用。

一天,一个农夫担着两筐鸡蛋去集市里卖。在经过一个山坡时,几十个鸡蛋从筐里掉出来摔了个粉碎。但是,这个人头也不回地只管向前走。

有人就提醒他:"你的鸡蛋摔碎了不少,你怎么不看看?"

这个人回答说:"我知道啊!但幸好没有都摔碎。既然碎的已经碎了,看了又有什么用呢?还不如早点赶到集市上去卖个好价钱呢。"

农夫对于鸡蛋抱有一种乐观的态度:幸好没有全摔碎。这正是一个运用正面思考来分解判断事物的实例。

在生活中,我们可以通过以下几个方面来加强正面思考对自我的决定性:

◎保持平和的心态

人生不可能一帆风顺,不论是遭遇疾病还是生活上的挫折,保持一份坦然的心态,平静地接受那些自己目前无法改变的现实,并随之调整自己的生活和工作节奏,淡看人间悲喜,凡事做而不求,保持心灵宁静,使自己以最好的状态对抗挫折。

◎培养多种兴趣,合理安排生活

创造丰富多彩的生活是一种生命力的体现,培养多种兴趣,努力丰富充实自己的生活,增强生命的活力,让人生更加有意义。无论是写作绘画还是唱歌弹琴,抑或是收藏,都会为展开正面思考提供良好的环境。

◎认识自身与社会的关系

自然造就生命,社会造就人生。一个完整而成功的人生需要在社会中实现,所以我们必须面对现实,根据社会要求不断调整自己的观念和行为,采取积极的心态解决问题,使其与社会同步,从而使自己拥有发展的机会。

◎放下压力

遇到自己无法承担的压力,就要学会适当放下,不要过于苛求自己。如果真的想解决那些压力非常大的事,可以向朋友或家人求助。

◎保持良好的人际关系

良好的人际关系能使我们的情感和思想得到丰富和传达,可以从根本上消除孤独感,建立群体意识,并建立良好的社会关系,帮助我们更好地融入社会,适应社会。它需要我们拥有包容的心态,接纳他人。

◎培养良好的自我意识

正确认识自己的优缺点,懂得从客观的角度看待自己。要树立十足的自信,不要盯着自己的缺点不放,或是钻牛角尖。

◎时常给自己积极的提醒

时常提醒自己,任何危机都有好转的机会,为自己树立希望。

## TIPS:实践方法

①听音乐、阅读或是打坐冥想,都是很好的生活放松方式。在紧张的工

作之后用它们来放松自己，是很好的减压方式。

②在有时间和条件的情况下外出旅游，最好是到郊外或是海边，多亲近大自然，可以让你遗忘很多生活中的繁杂琐事。

③阳光孕育希望，在阳光下你会发觉自己整个人都充满力量。多晒晒太阳，不仅可以增强体质，还可以让你的整个心境充满温暖。

④适当做运动。运动不仅可以健身，而且也是一个很好的减压方式。

⑤与亲朋好友聚会聊天。这是一个很好的倾诉途径，有助于我们排解生活中的压力。

## 魔力悄悄话

成功者的一切思想与行动都离不开积极二字，是积极的力量促使他们完成了在很多人看来很难实现，甚至不可能实现的事情，带领他们一次次翻越人生的高峰，抵达一个又一个辉煌的时刻。

# 学会接受才能享受生活

生活中有成功也有失败,有开心也有失落,如果我们把生活的起起落落、权利和欲望看得太重的话,生活对我们将永远是一种压力,心境也永远做不到坦然。

人生在世,不要为碰翻的牛奶哭泣,如果对过往的事情仍然耿耿于怀,就必然会在烦躁的心态中错失更多今天的东西。只有学会保持心灵平静,改变可以改变的,接受无法改变的,才能享受生活的平凡和简单。"宠辱不惊,看庭前花开花落;去留无意,望天空云卷云舒。"

刚到秋天,寺庙院子里的草地枯黄了一大片,很是难看。

这时一个小和尚看不下去了,就对师父说:"师父,快撒一点种子吧!"

师父说:"不着急,随时。"

种子到手了,小和尚就去种,不料一阵风吹过来,把撒下去的种子吹走了不少。小和尚着急地对师父说:"师父,很多种子都被风吹走了!"

师父说:"没关系,被风吹走的大多都是空的,撒下去也发不了芽,随性。"

种子种下后,有几只小鸟飞来在土里刨食,小和尚赶紧赶走小鸟,并向师父报告:"师父,种子被鸟吃了!"

师父说:"急什么,留在土里的还多着呢,随遇。"

第二天,下了一场大雨,小和尚哭泣着告诉师父:"师父,这下都完了,种子被雨水冲走了!"

师父回答:"冲走就冲走了吧,冲到哪里都是发芽,随缘。"

一个多星期过去了,昔日光秃秃的土地上长满了新芽,小和尚高兴地告诉师父:"师父,你快来看呐,都长出来了!"

师父依然平静如昔:"应该是这样吧,随喜。"

冰心曾言:"人到无求品自高。"崇高的境界和平静的心态都是"无求",就像这位老师父一样,用一个"随"字,概括了人生各种状态下的平常心,对所得所失、所喜所悲都完全看淡,就好似尘世荣华,了然于心。

古人说:"人生不如意之事十之八九。"人的一生是一个不断接受自己、不断与命运抗争的过程,也是一个不断拥有、不断失去的过程。如果不能保持"心灵平静",学不会淡泊名利,就会患得患失,在权利和欲望的得失之间痛苦前行。

人生有顺境也有逆境,真正的人生就是需要逆境的不断磨炼。

如果面对过往的一切,独自感叹后悔,只能说明我们的愚蠢和消极。

## 积极面对未来,不对过往的一切念念不忘

若想要走出没有后悔的人生路,我们就必须要积极面对未来,不对过往的一切念念不忘。

停止你的后悔和懊恼,让烦躁失望的心平静下来,因为你所后悔的那些,不管是自我的缘故还是命运的牵引,都不是导致失败的原因,最根本的还是在于我们的心境和眼光。你是在向前看,还是在频频回眸,是在坎坷人生路上不懈奋斗,还是在遭遇挫折后郁郁寡欢?

汉德·泰莱是纽约曼哈顿区的一位神父。

那天,教区医院里一位患者生命垂危,他被请过去主持临终前的忏悔。他到医院后听到了这样一段话:"仁慈的上帝!我喜欢唱歌,音乐是我的生命,我的愿望是唱遍美国。作为一名黑人,我实现了这个愿望,我没有什么要忏悔的。现在我只想说,感谢您,您让我愉快地度过了一生,并让我用歌声养活了我的6个孩子。现在我的生命就要结束了,但死而无憾。仁慈的神父,现在我只想请您转告我的孩子,让他们做自己喜欢做的事吧,他们的父亲是会为他们骄傲的。"

一个流浪歌手,临终时能说出这样的话,让泰莱神父感到非常吃惊,因为这名黑人歌手的所有家当,就是一把吉他。他的工作是每到一处,把头上的帽子放在地上,开始唱歌。40年来,他如痴如醉,用他苍凉的西部歌曲,感

染他的听众,从而换取那份他应得的报酬。

黑人的话让神父想起5年前曾主持过的一次临终忏悔。那是位富翁,住在里士本区,他的忏悔竟然和这位黑人流浪汉差不多。他对神父说:"我喜欢赛车,我从小研究它们、改进它们、经营它们,一辈子都没离开过它们。这种爱好与工作难分、闲暇与兴趣结合的生活,让我非常满意,并且从中还赚了大笔的钱,我没有什么要忏悔的。"

白天的经历和对那位富翁的回忆,让泰莱神父陷入思索。当晚,他给报社去了一封信。信里写道:"人应该怎样度过自己的一生才不会留下悔恨呢?我想也许做到两条就够了。第一条,做自己喜欢做的事;第二条,想办法从中赚到钱。"

后来,泰莱神父的这两条生活信条,被许多美国人信奉。的确,人生如此,也没什么好后悔的了。

我们之所以对以前的某个错误耿耿于怀,迟迟不肯原谅自己,多半是因为我们为之付出了一定的代价。可是,不肯原谅又能如何?代价不能再收回,但是我们的心情可以回转,也需要回转,因为生活还要继续。

安雅宁进入公司刚刚一年,因为表现优秀,很受领导器重。她也暗下决心一定要做出成绩来。一次,上级领导要她负责一个企划方案,为一个重要的会议做准备,还透露说如果这次企划方案能赢得客户的认可。她将有可能被调到总公司负责更重要的职务。对安雅宁来说,这是个千载难逢的机会。她非常卖力,每天都熬夜准备这份企划方案。

可是,到了会议的那天,安雅宁由于过度紧张,出现了身体不适,脑子一片混乱,甚至没有带全准备好的资料,发言的时候词不达意,几次中断。会议的结果可想而知……

失去了一个这么好的机会,安雅宁为此懊恼不已。之后,由于她的状态一直不好,又有过几次小的失误,她对自己更加不满。以前充满自信的她,现在忽然觉得自己不适合这个工作,不然为什么老是在关键时刻出错呢?她开始惩罚自己,经常不吃饭,想通了又暴饮暴食,或者拼命地喝酒。

安雅宁的情绪越来越不好,领导找她谈过几次话,宽慰她过去的事情都过去了,人应该向前看。虽然她的情绪渐渐稳定了下来,但是她还是不能原谅自己，没有心情做好手中的事情，以致对工作失去了当初的信心。最后，她不得不递交了辞呈。

很多人在犯错之后，不能原谅自己，甚至憎恨自己，进而影响到现在乃至未来做事的心情。如果憎恨过于强烈，就无法洗心革面，无法看到希望的曙光。不如反过来想一想，错误既然已经犯下了，再惩罚自己有什么用呢？而且你已经为此付出了沉重的代价，为什么还要搭上现在和未来呢？

当我们为曾经的错误付出了沉重的代价后，可不可以原谅自己呢？只有原谅自己，才能重新调整心情，开始新的生活。而那些无法原谅自己，始终对自己的过去耿耿于怀的人，是得不到人生的幸福的。

一位女士结婚 3 年，生下一个又白又胖的小男孩儿，家人皆大欢喜。尤其是一直生活在农村的公公婆婆更是笑得合不拢嘴，买了一大堆东西来看孩子。她当然也是高兴得很，想着一定要养育好孩子，以报答公公婆婆和丈夫。

可是，在孩子刚刚满月的一天夜里，由于孩子之前一直哭导致她未能休息好，在好不容易把孩子哄睡后，她也很快进入了梦乡。可是，也许是她太累了，睡得太熟了，被子蒙住了孩子的头，她居然没有发现。等她发现的时候，孩子已经停止了呼吸。她顿时号啕大哭，大叫着："是我害死了孩子！是我害死了孩子！"一连几天几夜不吃不喝，就这样大喊大叫，任谁劝都不听。

最后，她疯了，整天抱着孩子的小衣服，小被褥，一会儿哭，一会儿笑。嘴里絮叨着："我有罪，我该死……"

出现这样不幸的事，面对这样的打击，我们一般人一时确实难以接受。但可怕的事情既然已经发生了，并为之付出了惨痛的代价，就应该原谅自己，承认事实，接受事实，总结教训，将自己从过去的痛苦中拯救出来。在神话里，连神灵都可以原谅自己，那么你我这等凡人为什么要和自己过不去呢？

每个人都希望自己的人生道路和事业道路能够一帆风顺，最好不要犯任何错误。其实这一观念是不符合自然规律的，只不过是人们自己的一厢情愿罢了。"人非圣贤，孰能无过"。无论是在工作中还是生活中，犯错本来就是难以避免的事情。关键不在于你犯的错本身，而在于你犯错之后的反应。

常常听一些人痛苦地说："我永远无法原谅自己。"可是，不原谅又如何？那等于把自己推入了一个永不见底的深渊，从此再也看不到希望和光明。而世上没有"后悔药"，谁也不能改变过去，对自己的责怪也只能是加深自己的痛苦罢了。

其实犯错本身并不可怕，可怕的是我们失去了直视它的勇气，更可怕的是我们从此失去做事的心情，以至于赔上了现在和未来。所以，切莫再抓住过去的伤疤不肯放手，赶快从自怨自艾的泥潭中跳出来，朝气蓬勃地投入到新的生活和事业中去吧！

只有真正从心底里原谅自己，才能驱走烦恼，让心情好转。学会原谅自己，不是给自己找借口，而是很平静地分析我们过去的错误，从而在错误中得到教训，做到"经一事，长一智"。

我们不仅要学会原谅别人，更要学会原谅自己。如果不能原谅自己，我们便会陷在失败的泥潭里无法自拔；如果不能原谅自己，我们便会终日在自责中度过；如果不能原谅自己，我们便会失去自信，失去前进的勇气。


## 缺憾也是一种美

当爱神维纳斯裸露的躯体、残缺的断臂展示在世人的面前时，人们感叹的并不是她美中不足的缺憾。据说维纳斯像出土时，因为缺少手臂，当时的著名雕塑家们，就举行了一场重新塑造手的比赛。但是比对了许多个方案之后，人们统一认为，没有手臂的维纳斯，比起有各种手臂的维纳斯更美丽。直到现在也没有人对她的美提出过异议，相反，她身上的缺憾引发了无尽的遐想。

当我们在追求完美的时候，当我们因为不够完美而心情不爽的时候，常常忽略了缺憾其实也是一种美，是上天赐给我们的另一种恩惠。

**有一个小木轮，忽然有一天发现自己身上少了一块木片，为了补上这一缺憾，它决定去寻找一块和自己丢失的一样的木片。**

于是,它开始了长途跋涉,但由于缺了一块,不够圆,所以走得非常慢。这时正值春暖花开的季节,路边的风景非常美,五颜六色的花点缀在绿色的田野里,空中还有鸟儿在歌唱。小木轮边走边欣赏风景,不知道就这样走了多久,它终于发现了一块和自己的缺口一样的木片,它高兴地将其装在身上,这下完美了,它想。

然后,小木轮重新出发了,没有了缺憾的它自然走得飞快,它开始为自己的完美欢呼。可是,没过多久,它就泄劲了,因为它再也没有时间和机会欣赏路边的野花,聆听小鸟的歌唱了,单调地赶路让它感觉枯燥和乏味。于是,经过再三思量,它还是将木片卸了下来,带着缺憾慢慢上路,快乐的心情又重新回来了。

因为少了一块木片,小木轮看到了美丽的风景,缺憾反倒成了一种恩惠。而在艺术界,有的评论家甚至提出:"完美本身就是一种局限,单调的美容易使人淡忘,而一些缺点往往起到震撼心灵的作用,使创作更加生动真实。"的确,完美与缺憾本身就是相对存在的,如果没有缺憾又如何能显出完美的魅力?就像如果没有沙漠,人们就不会产生对绿洲的期待。

正如当初我们错过了一份美好的感情,如今每每都会想起,时时都会拿出来玩味,甚至到老还会记得曾经有一个多么美丽的姑娘或者多么帅的小伙子偷偷喜欢过自己,却阴差阳错地未能牵手,到了那时候,所有的遗憾都沉淀成了一种美丽的情愫。

事实虽是如此,但是缺憾并不受人欢迎,我们都在追求所谓的完美,想要拥有完美的亲情;想要拥有完美的爱情;更想拥有一个完美的人生。只是日有东升西落,月有阴晴圆缺,就连星星也有陨落,也就是说真正意义上的完美并不存在。但是,也正因为有了缺憾,我们才看到了人生的另一种风景。

当然,在事业和生活中,人生的缺憾并不是都有机会成为一种美,但它们在人类的意志力面前,绝对有变成一种恩惠的可能。

我们都知道柠檬又苦又酸,一点也不讨人喜欢,根本无法下咽。可是如果把它榨成汁,加上水,加上糖,倒进蜂蜜,却变成人人爱喝、生津止渴的柠檬汁。如果上天给了我们一个酸苦的柠檬,那我们就想办法把它榨成柠檬汁吧。

一位住在弗吉尼亚州的农场主当初买下这块地的时候不被任何人看好，因为这块地实在是太差了，既不能种水果，也不能养猪，只能生长白杨树和响尾蛇。别人都以为这块地一文不值，但是这位农夫想了个点子，把缺憾变成了资产。

他的做法让人很吃惊，他开始做起了响尾蛇的生意。他把从响尾蛇口里取出来的毒液送到各大药厂制造蛇毒血清，把响尾蛇肉做的罐头销售到世界各地，把响尾蛇皮以很高的价钱卖出去，用来做女人的皮鞋和皮包。总之，他的农场既没有种水果，也没有养猪，只是饲养响尾蛇，而他的生意却是越做越大，每年来这里参观他的响尾蛇农场的游客就有好几万人。

现在这位农场主所在的村子已改名为弗州响尾蛇村，这是为了纪念这位先生把"酸苦的柠檬"做成了"甜美的柠檬汁"。

不要期望上天赐给我们现成又好喝的柠檬汁，事实上，上天总是处处用缺憾刁难我们，这简直让我们憎恨，却又无可奈何。如果你拿到了又苦又酸甚至还有毒的"柠檬"，不要抱怨，自己想办法把它剖开、切片、榨汁，细细地加工处理，然后静静坐下来，好好享受历经千辛万苦才得到的宝贵柠檬汁吧。也正因为有了这个过程，你手里的柠檬汁才愈加珍贵，愈加香甜，这时你会感谢上天给你的这个柠檬。

要培养能给你带来平和和快乐的心理，我们就要学会，当命运给我们一个柠檬的时候，我们要试着把它做成一杯柠檬汁，并且对它心怀感恩。因为如果没有柠檬，又哪里会有柠檬汁呢？

**魔力悄悄话**

单调的美容易让人淡忘，不仅仅是艺术领域，生活中其实也是如此。你可以搜索一下自己的记忆，你会发现令你记忆犹新的和自以为美好的实际上并不是那些真正完美的事情。

# 正向思考者的"金矿"

很多人抱怨自己没有什么优越的背景,手里拥有的东西实在太少。但是,对正向思考者来说,我们拥有的东西真的很多,并且是取之不尽,用之不竭的,比如说人脉。好人脉是一座挖不尽、用不竭的金矿,是一笔无形的财富。尤其是在中国这个极其讲究人情的国度里,人脉的作用绝对不可低估。经济的飞速发展,带来了人际关系的重新排列和组合。

一个人一生所面临的各种关系,比以前更新鲜、更复杂,变化也更迅速。这就要求我们的头脑要更灵活、更快适应社会,花费更多的心思、动用更多的手段来经营自己的人际关系。只要方法得当,每个人都可以拥有这座"金矿"。其实,人脉就是一张网,其间的信息传递与人脑内部的信息传递非常相似。脑部的某一点受到外界刺激会产生信号,传至另一点而引发某种想法。如果只靠这两点之间的单程传递,一旦这条线由于某种原因受到阻断,信息传递就不能再继续。这样的信息链必定十分脆弱。所以在我们的大脑中,两点之间的信息通路有成千上万条。不论这是大自然赐给我们人类的福祉,还是我们在漫长的物竞天择中进化来的、必需的生存能力,总之,正是由于这无数的信息通路,我们才得以实现伟大的梦想。

营造和维系好人脉,是一门学问,更是一种艺术。经营好自己的人际关系网,编织一个牢固庞大的人际网络,当你需要帮助时,就会有人向你伸出热诚的双手,给你一个可以依靠的肩膀。

以下8种人脉是你一生的功课。

第一种,以亲情为基础的关系:血浓于水。

"血浓于水"是人们常说的一句话,它说明了动用关系、求人办事时亲戚的重要作用。亲戚关系是每个人都具有的一笔宝贵资源,在生活中不懂得善加利用,可以说是一种极大的浪费。亲戚之间的血缘或亲缘关系决定了彼此之间特殊的亲密性。遇到困难,人们首先想到的就是找亲戚帮助。作为亲戚,对方也大都会很热情地向你伸出援助之手。

为了有效地维护好亲戚之间的亲密关系,我们应该认识到亲戚关系的复杂性,其主要表现在亲戚之间存在着多种的差异,比如,地域、性格、经济、地位的差异等。这些差异既可能成为彼此交往的原因。也可能成为产生矛盾的原因。

第二种,以友谊为基础的关系:同学情与战友谊。

同学之间有着共同的记忆、共同的经历、共同的成长环境,这便是同学之间相互帮助、相互协作的情感基础。同学之间办事最实在,也最得力。我们每个人都有近 10 年或更多年的学习经历。仔细地回想一下,从小学、中学到大学,与我们同班同校的,可称为同窗情义的人何止几百。

少年时代建立的同学关系是十分纯洁的,有可能发展为长久、牢固的友谊。由于在学生时代的我们,年轻、单纯、热情奔放,对未来的人生充满崇高的理想,而这样的理想往往是同学们所共同追求的目标。曾几何时,彼此在一起热烈地争论和探讨,每一个人的内心世界都袒露在他人面前。加之同学之间的朝夕相处,彼此之间有了一定的了解。

同学关系有时的确能在最关键时帮上自己的忙。可是,值得注意的是,平时一定要注意和同学培养、联络感情,人情话该说的时候要递上,只有平时经常联络,同学的友谊之情才不至于疏远,同学才会很乐意帮助你。如果你与同学分开之后的几年间,从来没有联络过,你去托他办事的时候,一些比较重要、关系到他个人利益的事情,他就不会帮你,这也是人之常情。

第三种,以魅力为基础的关系:寻找属于你的"fans"。

风度是一个摆在人们面前的现实问题。伊莎贝拉曾经说过:"美丽的相貌和优雅的风度是一封长期有效的推荐信。"人们关心自己的风度,也议论他人的风度。人们赞扬和羡慕那些风度翩翩的人,并且也期望自己和周围的亲友都具有良好的气派。因此,我们就必须要更讲究自己的风度,树立良好的形象,让你的魅力吸引你的 fans。

风度是人的言谈、举止、态度的综合体现,更进一步说,是人的精神气质的外在扩散所形成的魅力。这种魅力给人一种美的慑服力。这种美的慑服力,能使人产生心理的倾慕和震颤。腹有诗书气自华,风度虽然是通过一种外在的形式表现出来的,但它却与一个人的知识水平、精神面貌、道德修养、审美观念等密切相关。比如,服饰的打扮与人的审美水平有关。精神的状态与人的个性、修养有关。一位哲人说得好，"风度是我们天性的微小冲动"。从一个人的风貌可窥见其内在素质和修养。罗曼·罗兰说："多读一些书，让自己多一点自信，加上你因了解人情世故而产生的一种对人对物的爱与宽恕的涵养，那时你自然就会有一种从容不迫、雍容高贵的风度。"

由此，一个杰出的人物，应当时刻注意自己的风度。不管自己长得怎样，不管在什么场合下，也不管遇到多大的困难与波折，都要显得豁达、有魅力。如果妄自菲薄，自惭形秽，自己看不起自己，自己打倒自己，即使五官相貌长得再好，又有什么风度可言？试想一个没有风度的人怎么能够广交朋友，开拓人际关系呢？

第四种，以乡情为基础的关系：乡里乡亲。

在错综复杂的人际关系里，以乡情为基础的人际关系即搞好老乡的关系是十分必要的。因为这样不仅可以多交一些朋友，最重要的是可以获得很多有价值的东西，或许它可以让你一辈子都受益无穷。最起码，可以为你在有求于人的时候提供一条"跑关系"的线索。

现代社会的人口流动性十分大，很多人都离开自己的家乡到异地去求职谋生。身在陌生的环境里，要想拓展人际关系是有一定难度的，那就不妨从同乡的关系入手，打开人际关系的局面。在异地的某一区域，能与众多老乡取得联系的最佳方式是"同乡会"。在同乡会中站稳了脚跟，跟其他老乡关系处得不错，那就等于建立起了一个关系网络。或许，有一天，你会发现这个关系网络的作用是那样得巨大，不容你有半点的忽视。

第五种，以人心为基础的关系："得天下"的先决条件。

一个人的人际关系好坏与否，其实也就是赢得人心的成功与否。大众的力量是巨大的，想做什么事要依靠大众的力量，都可以轻松实现。你善待众人，懂得去建立关系，就会有许多人愿意帮助你，不断地给你提供各种各样的资源，使你能够开足马力向前进。只要能得到众人之心，就能筑起无数的"钢铁长城"。楚汉相争可以说是很能说明这个问题的代表事例。

大众对于一个想要赢得人心的人来说，是相当重要的。主要体现在以下两点：一是大众能让人避开冲突，缓和人际关系；二是大众可以让人强化应对复杂问题的能力。假如你明白这两点，那么你就会在各种场合，把奇妙的做人之道发挥得淋漓尽致，从而成就自己的人际关系网。要想赢得众人心，就必须有一个良好的人际关系。关系就像水，人就像船，只要你重视它，并且懂得经营关系,它就可以推动你走得更高。如果你不重视它,或者不善于经营关系,那么,它同样可以把你淹没。

第六种,以外力为基础的关系:伯乐扶助走上红地毯。

古今中外,在名人的成功历程中,总有一些至关重要的人物在其中发挥着作用。在接受他人帮助的同时施展出自己不负栽培的好手段、真本事,这才是他们把握历史性机遇的关键性的一步,也是他们最终成功的要素之一。

其中的道理是不难理解的。一个人要想取得某种成就,就必须要具备一定的条件,而这些条件的客观方面却往往掌握在他人的手中。接受他人的支持和帮助,就像一颗优良的种子不拒绝一块适合自己生长的土壤,势必会加速一个人的成功的概率,有时甚至会决定一个人的命运。可见,以外力为基础的人际关系也是很重要的。没有外力的介入,是很难成功的,所以要想成功,必须善于借用他人的力量。然而,他人之力不是很容易借到的,即使借到也不一定对你的成功目标有用。因此,借用他人之力,关键是要找对人,一旦得到贵人的相助,大事就会成为小事,难事就会成为易事。

所谓贵人,就是指有权有势,或有名有钱的人。他们既然不同于常人,自然也拥有常人所不及的力量,可帮人办成不一般的事。但要想借贵人为自己帮忙。当然需动一番脑筋、费一番工夫。

对于一般人来说,贵人很难遇上,然而一旦遇上,就要牢牢地抓住,直至帮你达到成功的目标为止,这才是高明之所在。良好的"伯乐与千里马"关系,最好是建立在各取所需、各得其利的基础上。这绝不是鼓励大家唯利是图,而是强调以诚相待的态度,既然你有恩于我,他日我必投桃报李。

因此,假如你是一匹良驹,一定要找到可以相助自己驰骋千里的伯乐与"贵人"。有了"贵人"的提携,加之个人的能力与努力,你一定可以比他人早成功。

第七种,以敌友为基础的关系:善取小人。

大凡小人,见利忘义者居多,但是有很多小人由于舍得"投资",他们的关系网还是比较广的。利用这样一个特点,可以在自己困难的时候,以利诱之,解决自己的困难,以小利换大利。

当然,利用小人办事,一定要稳妥行事,一旦有所损失,可以及时撤身,避免更大的损失。

利用小人办事,首先要了解小人的背景来历,看他的关系到底如何,还要看所托的关系性格和行事特点。原则性强的人就不容易办事。其次,要循序渐进,不要一股脑儿的将利益全部拿出,这样反而会激起他更大的胃口。第三,不要一棵树上吊死,不要完全寄托于小人,要多寻几条道路,防止错过时机。第四,与小人接触时间长了,有时就会不经意之间得到小人的"辫子"或者把柄,切不可声张,更不要将"辫子"还给对方。因为也许小人会倒打一耙,来个卸磨杀驴、斩草除根。

第八种,以邻居为基础的关系:远亲不如近邻。

俗话说"远亲不如近邻"。从社会现象来看,在单位,与上司、同事接触,回家后,自然要与邻居、家人相处。邻里关系也是一种重要的朋友关系,除了属于自己的那个温馨小家,邻家也成为我们必须接触的单位。

邻里之间,低头不见抬头见,如果处理不好邻里关系,两家打来骂往,谁也过不了舒心的日子。所以,我们一定要正确处理邻里关系,彼此真诚相处,和和气气。这样你不但能拥有祥和的宁静的生活空间,而且遇到急难之时,邻居说不定还能助你一臂之力。

## 延伸阅读:

### 六项思考帽

英国学者爱德华·德·波诺(EdwarddeBono)博士被誉为20世纪改变人类思维方式的缔造者,他开发了一种思维训练模式——六项思考帽,这是一个全面思考问题的模型。在日常生活中,当我们遇到问题时,如果考虑得更全面、更具体,解决问题时就会更加得心应手。

六项思考帽为人们提供了"平行思维"的工具,它避免将时间浪费在互相争执上,寻求的是一条向前发展的路,而不是争论谁对谁错。生活中如果遇到麻烦,运用六项思考帽,将会使混乱的思考变得更清晰,使无意义的争论变成集思广益的创新。下面我们就为大家介绍一下六项思考帽的具体内容和运用方法:

(1)六项思考帽的内容。

六项思考帽建立了一个思考框架,并指导人们在这个框架下按照特定的程序进行思考,这种思考方式极大地提高了效能。波诺认为,任何人都有

能力进行以下六种基本思维功能,这六种功能可用六顶颜色的帽子来作比喻:

◎白帽子

白色是中立而客观的,代表着事实和资讯。中性的事实与数据帽,有处理信息的功能。

◎黄帽子

黄色是乐观的颜色,代表与逻辑相符合的正面观点。乐观帽,有识别事物的积极因素的功能。

◎黑帽子

黑色是阴沉的颜色,意味着警示与批判。谨慎帽,有发现事物的消极因素的功能。

◎红帽子

红色是情感的色彩,代表感觉、直觉和预感。情感帽,有形成观点和感觉的功能。

◎绿帽子

绿色是春天的色彩,是创意的颜色。创造力之帽,有创造解决问题的方法和思路的功能。

◎蓝帽子

蓝色是天空的颜色,笼罩四野,控制着事物的整个过程。指挥帽,有指挥其他帽子,管理整个思维进程的功能。

六顶思考帽在发明之初曾被成功地运用到很多知名企业当中,大大降低了会议成本,提高了企业的效能。事实上,它也同样可以运用到我们个人的思维当中,使我们将思考的不同方面分开进行,取代了一次解决所有问题的做法。

(2)六顶帽子的运用方法。

在日常生活中,由于我们的性格、学识和经验等都具有一定的局限性,从而也就使我们的思维模式形成了定势或者受到了限制,不能有效解决问题。运用六顶思考帽模型,我们就可以不再局限于单一的思维模式,而且思考帽代表的是角色分类,是一种思考要求,它可以随时提醒我们在遇到问题时,思考要灵活、全面。

六顶思考帽代表的六种思维角色,几乎涵盖了思维的整个过程,既可以

有效地支持个人的行为,也可以支持团体讨论中的互相激发。比如当遇到问题时,我们可以提醒自己通过下面这个步骤解决:

理清思维,把问题从头到尾阐述一遍(白帽);

提出解决问题的建议(绿帽);

列举建议的优点(黄帽);

列举建议的缺点(黑帽);

对各项选择方案进行直觉判断(红帽);

总结陈述,得出方案(蓝帽)。

试想如果我们每次遇到问题时都能这样理性地思考,那么,还有什么问题会难倒我们呢?

## TIPS:实践方法

①回想一下自己在遇到问题时,是不是常常心存侥幸,祈祷上帝"别让事情变得那么糟糕"呢? 如果回答是肯定的,那么你就要注意仔细练习六顶思考帽的方法了。

②任何人的本性里都有至少一种颜色的思考帽是你经常用到的,这也反映了一个人的性格。你需要注意的不是如何用这项思考帽,而是不要过度使用这项思考帽。

③六顶思考帽是一种科学的思考方法,先不要急着将它们综合运用,应先运用好你最擅长的和你最不擅长的两项思考帽。

魔力悄悄话

利用六顶思考帽的思考方式,人们可以依次对问题的不同侧面给予足够的重视和充分的考虑。如同彩色打印机一样,先将各种颜色分解成基本色,然后将每种基本色打印在相同的纸上,最终得到对事物的全方位"彩色"思考。

# 第五章
## 思考自己的定位

人生犹如一张地图，必须找到目前你所在的准确位置并确定最终的目的地所在，才能描绘出一道清晰的生命轨迹。

"让世界退立一旁，让任何知道自己要往何处去的人通过。"明确自己想要的人生，确定自己心中的未来，命运的钥匙就在自己的手心里。

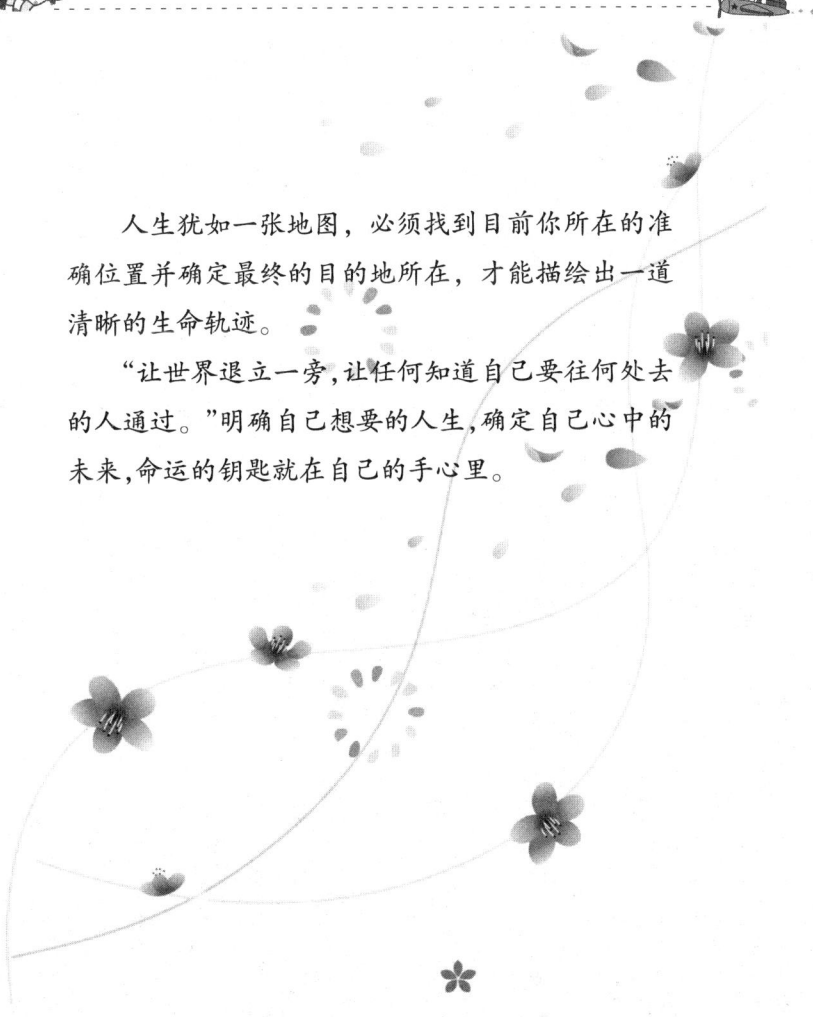

# 多思考人生才能不设限

　　一位科学家曾做过这样一个实验:把跳蚤放在桌子上,然后一拍桌子,跳蚤条件反射似的跳起来,跳得很高。然后,科学家在跳蚤的上方放一个玻璃罩,再拍桌子,跳蚤再跳就撞到了玻璃。跳蚤发现有障碍,就开始调整自己的高度。然后科学家再把玻璃罩往下压,之后再拍桌子。跳蚤再跳上去,再撞上去,再调整高度。就这样,科学家不断地调整玻璃罩的高度,跳蚤就不断地撞上去,不断地调整高度。直到玻璃罩与桌子高度几乎相平,这时,科学家把玻璃罩拿开,再拍桌子,跳蚤已经不会跳了,变成了"爬蚤"。

　　跳蚤之所以变成"爬蚤",并非它已丧失了跳跃的能力,而是由于一次次受挫学乖了。它为自己设限,认为自己永远也跳不出去。尽管后来玻璃罩已经不存在了,但玻璃罩已经"罩"在它的潜意识里,"罩"在它的心上,变得根深蒂固。这也就是我们所说的"自我设限"。

　　你是否也有过类似的遭遇? 生活中,一次次的受挫、碰壁后,奋发的热情、欲望就被"自我设限"压制、扼杀。你开始对失败惶恐不安,却又习以为常,丧失了信心和勇气,渐渐养成了懦弱、犹豫、害怕承担责任、不思进取、不敢拼搏的心理意识和习惯,这些裹足不前的意识渐渐捆绑住你,让你陷在自我的套子里无力自拔,久而久之,你就失去了创造热情,再也奋发不起来了。其实过多的"自我设限"是没有必要的,人本身具有巨大的潜能,只要你勇敢地发掘,你就会发现,原来事情并没有自己想象的那样可怕,成功的大门是向所有人敞开的。

　　威尔玛4岁那年,不幸患上了双侧肺炎和猩红热。虽然治愈,但她的左腿却因此而残疾了,因为猩红热引发了小儿麻痹症。从此,幼小的威尔玛不得不靠拐杖行走。经历了太多苦难的母亲却不断地鼓励她,希望她相信自己并能超越自己。看到邻居家的孩子追逐奔跑时，威尔玛对母亲说："我想比邻居家的孩子跑得还快！"母亲虽然一直不断地鼓励她，可此时还是忍不住哭了，她知道孩子的这个梦想将永远难以实现，除非奇迹出现。

奇迹终于出现了！经历了艰难而漫长的锻炼后，威尔玛终于在9岁那年扔掉拐杖站了起来。母亲一把抱住自己的孩子，泪如雨下。5年的辛苦和期盼终于有了回报！

13岁那年，威尔玛决定参加中学举办的短跑比赛。学校的老师和同学都知道她曾经得过小儿麻痹症，直到此时腿脚还不是很利索，便都好心地劝她放弃比赛。但威尔玛决意要参加比赛，老师只好通知她母亲，希望她母亲能好好劝劝她。然而，母亲却说："她的腿已经好了，让她参加吧，我相信她能超越自己。"事实证明母亲的话是正确的。

比赛那天，母亲也到学校为威尔玛加油。威尔玛靠着惊人的毅力一举夺得100米和200米短跑的冠军，震惊了校园。从此，威尔玛爱上了短跑运动，为了实现比邻居家的孩子跑得还快的梦想，她每天早上坚持练习短跑，就算练到小腿发胀、酸痛也不放弃。她想办法参加一切短跑比赛，总能获得不错的名次。

在1956年奥运会上，16岁的威尔玛参加了4×100米的短跑接力赛，并和队友一起获得了铜牌。1960年，威尔玛在美国田径锦标赛上以22秒9的成绩创造了200米的世界纪录。在当年举行的罗马奥运会上，威尔玛迎来了她体育生涯中辉煌的巅峰。她参加了100米、200米和4×100米接力比赛，每场必胜，接连获得了3块奥运金牌。

这个世界上没有那么多的"不可能"，只要你坚持不懈，生命中没有什么是不可战胜的。其实，很多时候我们没有成功，并不是说我们不具备成功的潜质，而是我们在经历了一两次挫折之后，开始变得畏缩不前，失去了敢于向生活挑战的勇气。

生活中，没有任何困难或逆境可以成为我们畏缩不前的理由，当我们犹豫彷徨、怀疑自己时，一定要拿出勇气走出"自我设限"的心理误区，让自己勇敢地去面对。只有这样，你才能大步向前，推开成功的大门。

陀思妥耶夫斯基说："凡是新的事情在开始的时候总是这样的，起初热心的人很多，而不久就会冷淡下去，撒手不做了，因为他已经明白，不下一番苦功是做不成的,而只有真正想做的人,才忍得住这种痛苦。"

有一次一位士兵给拿破仑送信,由于过于匆忙,在他把信件送到之前,所骑的马就摔死了。

拿破仑口述完回信之后,将信交给这位士兵使者,并命令他骑上自己的马,尽可能快地将回信送过去。这位士兵看着这匹戴着极好马饰的高贵的马,说道:"不行,将军,这匹马对于一名普通的士兵来说太豪华太高贵了。"拿破仑说道:"相比较法国士兵来说,没有什么东西太豪华,或太高贵。"

世界上到处都有像这个可怜的法国士兵一样的人,他们认为别人拥有的东西对他们来说都太优秀,与他们卑微的身份不相称,他们不应该享有同样优秀的东西。他们意识不到,恰恰是自己这种妄自菲薄的态度削弱了自己的意志力。他们对自己没有足够的自信,没有足够的期望,也没有足够的要求。

如果你自认为是侏儒,只期待渺小的事情,你永远也不可能成为巨人。雕像永远只会像模特儿,而模特儿就是雕像的心理极限。

溪流的流向永远不会高于它的源头。

能否跨越现有的心理高度将成为一种标志,它代表了与理想相匹配的能力,代表了能够让理想成为现实的力量。这种跨越能够激发我们内在的潜能,唤起我们体内更优秀、更崇高的品质。

跨越自己的心理高度能够让一个普通人成功,而如果不能跨越自己的心理高度,就算是天才也将会遭受失败。跨越现有的心理高度能带你走到山巅,因此你可以拥有很好的视野,在那里,你所能看到的风景是那些在山谷里的人无法想象到的。

新的心理高度会为我们开启一扇理想之门,让我们能够看见生活中无限的可能性,并为我们展示自己体内那不可战胜的力量。

新的心理高度是我们体内的先知,是被指派来陪伴人类的神圣信使,它将引导与鼓励我们走完人生。

新的心理高度让人类看到自身的潜力,使我们不至于灰心丧气,不至于停止向上奋斗的步伐。

新的心理高度能让我们看到我们所看不到的东西,它能让我们看到我们由于疑虑与恐惧而被遮蔽的才智、能力与潜力。

……

跨越自己的心理高度会让你穿越当下的界限，挣脱当下的枷锁，跨越当下的障碍，看到更远大的未来。

正是远大的追求让哥伦布能够承受西班牙内阁的嘲笑与诋毁。当水手们以叛变相威胁，当小船在未知海域茫然飘摇时，正是坚定的信念让他能够支撑下去，朝着自己的目标前行。

正是超出常人的心理高度赋予富尔顿以勇气与决心，让他敢于在数千名抱着幸灾乐祸的态度看他出洋相的市民面前，首次驾驶"克莱蒙"号逆流而上前往休斯敦。尽管全世界都在反对他，但他相信他的尝试一定会成功。

跨越心理高度就能创造奇迹！历史上，那些不断跨越自己心理高度的人完成了多少看似不可能完成的任务。如果不是因为跨越了自己的心理高度。多少发明者和发现者会在重重困难以及不断失败的实验当中彻底失去勇气的前提下，重新出发取得最好的成功。正是这种跨越才让这些英雄人物坚持到底，直到成功为止。

如果我们敢于往上看，我们就能到达伟人所能到达的高度。

失败者往往都是那些受困于自身心理高度的人。他们总是认为自己不配拥有世界上最优秀的东西，各种优秀与美好的事物都不是为他们而设计。这些人之所以做着卑微的工作，过着平庸的生活，都是因为他们对自己的要求与期望值不够高。他们不明白，自己完全可以掌控自己的命运，可以实现任何可能的目标，做自己想做的人！

## 魔力悄悄话

许多人举步不前，唯一的原因也许就是因为他们低估了自己。他们思想的局限性、认为自己无用和愚蠢的信念几乎可以说是他们最大的障碍。在宇宙当中，如果一个人自认为无能，那就没有任何力量可以帮助他去实现成功。

# 聆听你内心的想法

熙熙攘攘的伦敦街头，繁华的霓虹灯下，一个可怜的乞丐站在地铁出口处卖铅笔，很多人看也不看一眼便越过他直奔自己的目的地。乞丐正盘算着如何更好地乞讨以解决自己的晚餐时，一名商人路过，向乞丐杯子里投入几枚硬币，匆匆忙忙而去。过了一会儿商人转回来取了支铅笔，他说："对不起，我忘了拿铅笔，你我毕竟都是商人。"乞丐犹如遭遇当头棒喝……

几年后，商人参加一次高级酒会，遇见了一位衣冠楚楚的先生向他敬酒致谢。那这位先生说，他就是当初卖铅笔的乞丐。他生活的改变，得益于商人的那句话：你我都是商人。那位先生对商人说："是你给了我重新定位人生的机会。"

故事告诉我们，当你把自己定位于乞丐，你就是乞丐；当你把自己定位于商人，你就是商人。定位对于人生举足轻重，一个人的发展在某种程度上取决于自己对自己的评价，在心目中你把自己定位成什么，你就是什么，因为定位能决定人生，定位能改变人生。

汽车大王福特自幼帮父亲在农场干活，12岁时，他就在头脑中构想用能够在路上行走的机器代替牲口和人力，而父亲和周围的人都要他在农场做助手。若他真的听从了父辈的安排，世间便少了一位伟大的企业家，所幸，福特坚信自己可以成为一名机械师。

于是他用1年的时间完成了其他人需要3年才能完成的机械师训练，随后又花2年多时间研究蒸汽原理，试图实现他的目标，但未获成功。后来他又投入到汽油机研究上来，每天都梦想制造一部汽车。他的创意被大发明家爱迪生所赏识，邀请他到底特律公司担任工程师。

经过10年努力，在29岁时，福特成功地制造了第一部汽车引擎。今日美国,每个家庭都有一部以上的汽车,底特律是美国大工业城市之一,也是福特的财富之都。福特的成功,不能不归功于他定位的正确和不懈的努力。

反过来说,就算你给自己定位了,如果定得不切实际,或者没有一种健康的心态,也不会取得成功。

在美国西部的一个小乡村,一位家境清贫的少年在 15 岁那年,写下了他气势非凡的毕生愿望:"要到尼罗河、亚马孙河和刚果河探险;要登上珠穆朗玛峰、乞力马扎罗山和麦金利峰;驾驭大象、骆驼、鸵鸟和野马;探访马可波罗和亚历山大一世走过的道路;主演一部《人猿泰山》那样的电影;驾驶飞行器起飞降落;读完莎士比亚、柏拉图和亚里士多德的著作;谱一部乐曲,写一本书;拥有一项发明专利;给非洲的孩子筹集 100 万美元捐款……"

他洋洋洒洒地一口气列举了 127 项人生的宏伟志愿。不要说实现它们,就是看一看,也足够让人望而生畏了。

少年的心却被他那庞大的毕生愿望鼓荡得风帆劲起,他的全部心思都已被那一生的愿望紧紧地牵引着,并让他从此开始了将梦想转为现实的漫漫征程,一路风霜雨雪,硬是把一个个近乎空想的夙愿,变成了活生生的现实,他也因此一次次地品味到了搏击与成功的喜悦。44 年后,他终于实现了《一生的愿望》中的 106 个愿望。

他就是 20 世纪著名的探险家约翰·戈达德。

当别人惊讶地追问他是凭着怎样的力量,把那许多注定的"不可能"都踩在了脚下。他微笑着如此回答:"很简单,我只是让心灵先到达那个地方,随后,周身就有了一股神奇的力量,接下来,就沿着心灵的召唤前进罢了。"

成功是人人都渴望的,但是坚持不达目标不罢休,以及能为到达成功彼岸而付出一切努力,却不是人人都能做到的。究竟怎样才能走向成功呢?

约翰·戈达德用自己的经历演绎了一个真理,那就是安静下来,听从内心的指引。如此,才能明确自己的象限,找准自己的坐标,才能勾勒出自己清晰的人生轨迹。明确人生的目的地,并为此不懈努力,才能最终成功抵达。

你听清楚内心的指引了吗?

19 世纪,约翰·皮尔彭特从耶鲁大学毕业,前途看上去充满了希望。然而命运似乎有意捉弄他。皮尔彭特对学生是爱心有余而严厉不足,他很快就结束了做教师的职业生涯。但他并没有因此而灰心,依然信心十足。不久他当了一名律师,准备为维护法律的公正而努力。但他的性格似乎一点都不适合这一职业。他认为当事人是坏人就会推掉找上门来的生意,他认为当事人是好人又会不计报酬地为之奔忙。对于这样一个人,律师界当然感到难以容忍,皮尔彭特只好再次选择离去,成了一位纺织品推销商。然而,他好像并没有从过去的挫折中吸取教训。他看不到商场竞争的残酷,在谈判中总让对手大获其利,而自己只有吃亏的份。于是,他只好再改行当了牧师。然而,他又因为支持禁酒和反对奴隶制而得罪了教区信徒,被迫辞职……

1886 年,皮尔彭特去世了。在他 81 年的生命历程中,他似乎一事无成。但是,你一定听过这首歌:"冲破大风雪,我们坐在雪橇上,快速奔驰过田野,我们欢笑又唱歌,马儿铃儿响叮当,令人心情多欢畅……"

这首家喻户晓的儿歌《铃儿响叮当》,它的作者正是皮尔彭特。这是他在一个圣诞节前夜作为礼物,为邻居家的孩子们写的。因为他有着开朗乐观的性格、博大无私的胸怀、纯洁明净的内心,所以才能写出这样一首充满爱心和童趣的优秀作品。

由此看来,皮尔彭特之所以做不成称职的教师、律师和牧师,之所以在这些领域里一塌糊涂,就在于他的性格不适合这些职业。而他最适合的职业就是作家,可惜他选错了职业,最后才落得如此结局。

皮尔彭特的故事告诉我们,再贵重的东西如果用错了地方,也只能是垃圾或废物。在人生的坐标系里,一个人占到好地盘,比什么都强。

所以,看看自己的位置错了没有?位置站错了,那么一开始你就错了,如果还要继续错下去,你可能会永久地在卑微和失意中沉沦。

做自己最擅长的事情,并且勤奋地工作,这是最容易取得成功并实现致富的方法。如果做的还是自己想做的事,那么不但容易致富,而且致富后还将获得极大的满足感。

生命的真正意义在于能够做自己想做的事情。如果我们总是被迫去做自己不喜欢的事情,永远不能做自己想做的事情,我们就不可能拥有真正幸福的生活。可以肯定,每一个人都可以并且有能力做自己想做的事,想做某种事情的愿望本身就说明我们具备相应的才能或潜质。

如果我们的内心有演奏音乐的渴望,这说明,我们所具有的演奏音乐的技能在寻求表现和发展;如果我们的内心有发明机械设备的渴望,这说明,我们所具有的机械方面的技能在寻求表现和发展。如果我们具有想做某件事情的强烈愿望,这本身就可以证明,我们在这方面具有很强的能力或潜能。我们所要做的,就是去发展它,同时正确地运用它。

在其他所有条件相同的情况下,最好选择一个能够充分发挥自己特长的行业。但是,如果我们对某个职业怀有强烈的愿望,那么,我们应该遵循愿望的指引,选择这个职业作为自己最终的职业目标。

做自己想做的事情,做最符合自己个性、令自己满心愉悦的工作。这是我们天生的权利。

谁都无权强迫我们做自己不喜爱的工作,我们也不应该去做这样的工作,除非它能够帮助我们最终获得自己喜爱的工作。

如果因为过去的失误,导致我们进入了自己并不喜爱的行业,处在不如意的工作环境中,那么有一段时间我们确实不得不做自己并不想做的事情。但是,如果目前的工作完全有可能帮助我们最终获得自己喜爱的工作,认识到这一点,看到其中蕴藏的机会,那么我们就能够把眼下所从事的工作变成一件同样令人愉悦的事情。

如果我们觉得目前的工作不适合自己,请不要仓促转换工作。通常说来,转换行业或工作的最好方法,是在自身发展的过程中顺势而为,在现有的工作中寻找改变的机会。当然,如果一旦机会来临。在审慎地思考和判断后,就不要害怕进行突然的、彻底的变化。但是,如果我们还在犹豫,还不能得出明确的判断,请不要仓促行事、贸然行动。

在创造的世界里,我们从来都不缺少机会,所以我们不要操之过急、草率行事。

一旦摆脱了竞争致富的心态,我们就会明白根本不需要匆忙行事。我们想要做什么就去做好了,别人无法阻止我们,我们也不需要和他人竞争。每一个人都有自己的位置和机会,如果一个很好的职位已经被别人占据,不远的将来就会有一个更好的职位等着我们,我们有足够的时间去获得它。

因此,当我们感到困惑,不知道如何抉择时,请停下来重新审视自己的愿望,增强致富的信心和决心。并且,在我们难以抉择的时候,一定要尽自己所能,培养我们的感激之心。

花上数日的时光,深思自己想要得到的东西究竟是什么,并对自己已经得到的东西心怀深深的感激之情。这样,我们的思想将更靠近"特定方式",我们在行动时就不会出现错误。至高的力量无所不能,如果我们心怀真诚的感激,我们所拥有的成功信心和决心就会与这种力量和谐统一,推动我们进步。

一个人如果做事草率,或者行动时心存恐惧和疑虑,或者根本忘记了自己的愿望,那么他就无法避免错误。进行思考并行动,我们一定会获得越来越多的机会。我们应该毫不动摇地坚守自己的信心和决心,并以感激的心情与宇宙能量的智慧同行。

每一天,我们都要尽心尽力地去做自己能做的事情。但是,做事的时候,不要急于求成,不要焦躁不安,不要畏缩恐惧。应该尽快地行动,但绝不要仓促行事。

记住,如果我们失去镇静然后仓促行事,我们就不再是一个财富的创造者,而变成了一个财富的竞争者,我们将堕落,并退回到可悲的过去。

无论何时,一旦发现自己心绪不宁,仓促行事,就要让自己停下来,全神贯注地思考自己的目标,并对已经得到的东西心存感激。请记住,感激之情将永远帮助我们增强信心、坚定决心。

**魔力悄悄话**

无论我们是否打算寻找新的工作,眼下所做的一切都应该与现有的工作密切相关。我们每天都应该以"特定方式"行事,积极利用目前的工作创造机会,以便有一天能够获得自己喜欢的工作,或者进入自己喜欢的行业。

# 学会分析自己，做适合自己的事

现在，我们分析完了自己的优点和缺点，那就请接着思考，我们所努力从事的职业本身是否真的适合我们的天性？很多人之所以像陷入泥潭之中那样徒劳地挣扎、抱怨，根本原因在于做了自己不擅长的事情。而真正的智者，会安静下来，只做最适合自己天性的事，无论成败，他们的内心都是宁静而欢喜的。

第一步，我们要归纳自己的性格，找到自己最适合做的行业。

我们不可能设想让一个性格暴躁的人去搞公关、谈生意或做服务工作；让一个性格怯懦、柔弱的人去搞刑侦破案；让做事大大咧咧、马马虎虎的人去当医生或会计……他与自己的性格不相符的职业，带来的不是收获与快乐，而是痛苦与堕落。既然许多人都知道这些道理，为什么还会有人入错行呢？原因主要有两个：一是对自己不了解；二是对职业世界不了解。

选择职业时最重要的是能否正确地分析自己。你是什么样的性格，你的性格适合从事什么样的职业？下面列举了几种性格，可以一一对号入座，当然，每个人的性格不完全是"纯的"，也可能有两种或三种的混合，请参考这个分类，归纳自己的性格，找到自己最适合做的行业，然后努力成为本行业里的佼佼者。

## 刚毅型

刚毅性格是刚与毅的结合，具有这种性格的人不仅性格刚强、刚烈，而且还具有坚强持久的意志力。他们的优点是意志坚定、行为果断、勇猛顽强、敢于冒险，善于在逆境中顽强拼搏。阻力越大，个人的力量和智慧就越能发挥得淋漓尽致。他们办事效率高，处理问题果断泼辣。他们有魄力，敢说别人不敢说的话,敢做别人不敢做的事。遇事通常自己做主,不依赖他人,不迷信权威,喜欢独立思考、独立工作。

缺点是易于冒进,权欲重,有野心。这种人常常盛气凌人、争强好胜,喜欢争功而不能忍,为人霸道,与人共事缺乏谦让和商量,喜欢自己说了算。

具有这种性格的人适合在政治、军事等领域发展。他们目标明确,行为方式积极主动、坚决果断,故多适应开拓性或决策性的职业,如政治家、社会活动家、行政管理、群众团体组织者等,不适宜从事机械性的工作和要求细致的工作。

## 温顺型

温顺型性格的人逆来顺受,随波逐流,缺乏主见,不能果断行事,常常因优柔寡断而痛失良机。但是,这种性格的人又有性情温和柔顺、慈祥善良、亲切和蔼、不摆架子、处事平和稳重的优点,他们能够照顾到各个方面,待人仁厚忠恕,有宽容之德。

更重要的是,这种人有丰富的内心世界和敏锐的观察力,他们在文学艺术的领域常常会如鱼得水。同时他们还擅长技能型、服务型工作,如秘书、护士、办公室职员、翻译人员、会计师、税务、社会工作者,或专家型工作,如咨询人员、幼儿教师等,不适合从事要求能做出迅速、灵活反应的工作。

## 固执型

固执型的人在思想、道德、饮食、衣着上往往落伍于社会潮流,有保守的倾向。他们比较谨慎,该冒险时不敢冒险,过于固执,死抱住自己认为正确的东西,不肯向对方低头,不善于变通。他们有些惰性,不够灵活,而且不善于转移注意力。但这种人又有立场坚定、直言敢说、倔强执着的优点。他们行得端、坐得正,为人正统,他们做事踏实、稳重,兴趣持久而专注,他们善于忍耐,沉默寡言,情绪不轻易外露,他们具有较强的自我克制能力。

固执性格的人擅长独立和负有职责的工作,他们长于理性思考,办事踏实稳重,兴趣持久而专注。他们特别适合科研、技术、财务等工作,不适合做需与人打交道、变化多端的工作。

## 韬略型

韬略性格的人适合去做一些挑战性的工作,却不适合从事细致单调,环境过于安静的职业。这种人机智多谋而又深藏不露,思维缜密。心中城府深如丘壑,善于权变,反应也快,能够自制自律,临危而不惧,临阵而不乱。缺点是诡异多变,因而不容易控制。

有这种性格的人,他们在紧张和危险的情况下能很好地执行任务,他们适宜从事具有关键作用和推动作用的工作。典型的职业有政府官员、企业领导、行政人员、管理人员、新闻工作等。不宜选派这种人掌管财务、后勤供应等事。而且这种人往往表面谦虚,实际上不会吃哑巴亏,诡计多端,会算计。他们有野心,不甘居人后,更不愿寄人篱下。

## 开朗型

这种人交游广阔,待人热情,生性活泼好动,出手阔绰大方,处世圆滑,能赢得各方朋友的好感和信任。他们善于揣摩人的心思而投其所好,长于与各方面的人打交道,常混迹于各种场合而能左右逢源,善于打通各方面的关节,适合做销售和公关工作。反应灵敏,善于与人交往,人缘好,处理起人际关系来得心应手,不容易得罪别人。

缺点是广交朋友而不加区分,悉数收罗。对朋友常讲义气,而往往原则性不强,很难站在公正的立场上看待事情的是非曲直,不适宜做原则性强的工作。

开朗性格的人比较适宜从事商业贸易、文体、新闻、服务等职业,演艺、新闻、保险、服务以及其他同人群交往多的职业能够充分发挥出他们的性格优势。但不适宜做与物打交道的技术性或操作性工作。

## 勇敢型

具有这种性格的人敢作敢当，富于冒险精神，意气风发，勇敢果断，有临危不惧的勇气。对自己衷心佩服的人能言听计从，忠心耿耿。适应能力强，在新的环境中能应付自如，反应迅速而灵活。

缺点是对人不对事，服人不服法，全凭性情做事。只要是自己的朋友，于己有恩，不管他犯了什么错误，都盲目地给予帮助。

在警察、企业家、领导者、消防员、军人、保安、检察官、救生员、潜水员等职业领域，有这种性格的人将会如鱼得水。但这种性格却不适宜从事服务、科研、财务等要求细致的工作。

## 谨慎型

你若是一个谨慎型性格的人，你一定会受到这样一些责备：你疑心太重、顾虑重重；你缺少决断，不敢承担责任；你谨小慎微，一而再再而三地错失机会；你缺少胆量，不敢开拓创新……不错，谨慎型性格的人的确有上述缺点，但是，千万不要忘记，谨慎性格的人是世界上最精细、最理性的人。他们做起事来一丝不苟、小心谨慎；他们为人谦虚、思维缜密；他们讲究章法、井井有条；他们考虑问题既全面又深入……

他们适合做办公室和后勤等突变性少的工作。喜欢有规则的具体劳动和需要基本操作技能的工作，但缺乏开拓创新能力，不适宜从事要求大刀阔斧的职业。典型的职业有高级管理者、秘书、参谋、会计、银行职员、法官、统计、研究人员、行政和档案管理。

## 狂放型

这种人行为狂放，桀骜不驯，自负自傲，为人豪放、豪爽，不拘小节，不阿谀奉承,常常凭借本性办事,做事好冲动,好跟着感觉走。因而对很多事情都看不惯,难以在实际工作中取得卓越成就。

他们一般具有想象力强、冲动、情绪化、理想化、有创意、不重实际等性格特征。适合在需要运用感情和想象力的领域里工作,但不擅长于事务性的职业。一个有狂放、冲动性格的人,如果有自知之明,就千万别往仕途上挤,免得身败名裂。这些人喜欢表现自己的爱好和个性。喜欢根据自己的感情来做出抉择,喜欢通过自己的工作来表达自己的理想。典型职业有创造型工作,如演员、诗人、音乐家、剧作家、画家、导演、摄影师、作曲家,或者是创意型工作,如策划、设计等。最不适合他们的职业则莫过于从政和经商。

## 沉稳型

这种人内心沉静、沉稳,沉得住气,办事不声不响。工作作风细致入微,认真勤恳,有锲而不舍的钻研精神,因此往往能成为某一个领域的专家和能手。他们感情细腻,做事小心谨慎,善于察觉到别人观察不到的微小细节。他们喜欢探索和分析自己的内心世界,一般来说,性格略为孤僻,容易过分地全神贯注于自己的内心体验。

在别人看来,他可能显得冷漠寡言,不喜欢社交。缺点是行动不够敏捷,凡事三思而后行,容易错过生活中擦肩而过的机会。兴趣不够广泛,除自己感兴趣的事外,不大关心身边的事物。适应能力较差,虽然体验深刻,但反应速度慢,相对刻板而不灵活。

这种人喜欢按照一个机械的、别人安排好的计划和进度办事,爱好重复的、有计划的、有标准的工作。适合从事稳定的、不需与人过多交往的技能性或技术性职业。典型的职业有医生、印刷校对、装配工、工程师、播音员、出纳、机械师及教师、研究人员等。不适合做富于变化和挑战性大的工作。

## 耿直型

这种人胸怀坦荡,性情质朴敦厚,没有心机,有纯朴无私的优点。情感反应比较强烈和丰富,行为方式带有浓厚的情绪色彩。他们富有冒险精神,反应灵敏。他们常常被认为是喜欢生活在危险边缘、寻找刺激的人。

缺点是过于坦白真诚,为人处事大大咧咧,心中藏不住事,口没遮拦,有什么说什么,显山露水,城府不深。做事往往毛手毛脚、马马虎虎、风风火火。而因直爽造成的人际关系方面的损失就更不必推算了。同时,因性情耿直、脾气暴躁、不善变通,有时会一味蛮干,不听劝阻,该说的说,不该说的也说,常常会给自己招来麻烦。

具有这种性格的人适合从事具有冒险性、探索性或独立性比较强的职业,比如演员、运动员、航海、航天、科学考察、野外勘测、文学艺术等。但不适宜从事政治、军事等原则性强、保密性强的职业。

第二步,我们不要为自己的性格去烦恼,而是应该努力让我们所从事的职业适应性格。当你的性格与职业相冲突时,你想改变的是你的职业还是性格?生活中几乎人人都懂得绝不能削足适履这一道理,然而,为了职业而改变性格的人却比比皆是。

职业这双鞋,难道就真的需要用改变性格的巨大代价来适应吗?这是典型的本末倒置。

19世纪末,一个男孩降生于布拉格一个贫穷的犹太人家里。随着男孩一天天长大,人们发现他虽生为男儿身,却没有半点男子汉气概。他的性格十分内向、懦弱,也非常敏感多虑,老是觉得周围的环境都在对他产生压迫和威胁。防范和躲避的心理在他心中可谓根深蒂固、不可救药。

男孩的父亲竭力想把他培养成一个标准的男子汉。希望他具有风风火火、宁折不屈、刚毅勇敢的性格特征。在父亲那粗暴、严厉却又很自负的斯巴达似的培养下,他的性格不但没有变得刚烈勇敢,反而更加的懦弱自卑,并从根本上丧失了自信心。以至于生活中每一个细节,每一件小事,对他都是一个不大不小的灾难。

他在惶恐痛苦中长大,他整天都在察言观色。常独自躲在角落处悄悄咀嚼受到伤害的痛苦,小心翼翼地猜度着又会有什么样的伤害落到他的身上。看他那样子,简直就没出息到了极点。这样的孩子,实在太没有出息了。你能够让他去当兵,去冲锋陷阵,去做元帅吗?不可能,部队还没有开拔,他也许就已当逃兵了。让他去从政吧!依靠他的智慧、勇气和决断力,从各种纷杂势力的矛盾冲突中寻找出一种平衡妥当的解决方法，那更是可望而不可即的幻想。他也做不了律师，懦弱内向的他怎么可能在法庭上像斗鸡似的竖起雄冠来呢？做医生则会因太多的犹豫顾虑而不能果断行事，那只会使很多的生命在他的犹豫延宕中遗恨终生。看来，懦弱、内向的性格，确实是一场人生的悲剧，即使想要改变也改变不了。因为他的父亲已做过努力了。然而，你能想象这个男孩后来的命运吗？这个男孩后来成了世界上最伟大的文学家，他在文学创作的领域里纵横驰骋。在这个他为自己营造的艺术王国中，在这个精神家园里，他的懦弱、悲观、消极等弱点，反倒使他对世界、生活、人生、命运，有了更尖锐、敏感、深刻的认识。他以自己在生活中受到的压抑、苦闷为题材，开创了一个文学史上全新的艺术流派——意识流。他在作品中把荒诞的世界、扭曲的观念、变形的人格，重新给我们解剖了一次，使我们对现代文明这种超级怪物，有了更深刻的认识，对人生和命运有了更沉重的反省。他给我们留下了许多不朽的文学巨著，例如，《变形记》《城堡》《审判》……

他就是卡夫卡。为什么会这样呢？原因很简单，性格内向、懦弱的人，他们的内心世界一定很丰富，他们能敏锐地感受到别人感受不到的东西。他们是外部世界的懦夫，却是精神世界的国王。这种性格的人如果选择了做军人、政客、律师，那么，他就选择了做懦夫；如果他选择了精神的领域，那么，他就选择了做国王。卡夫卡正是选择了后者。

所以，每一种性格，都有它无可比拟的价值。千万不要为自己的性格烦恼，更不要去毁坏。你所要做的就是发现它的价值。

**魔力悄悄话**

一个人选择职业，就像恋爱婚姻一样，开始的时候可能会为对方或英俊潇洒或美丽婀娜的外表所迷惑，一见钟情，并很快沉醉于热恋，乃至匆匆结婚。爱情是浪漫的，婚姻却是现实的。进入现实的婚姻以后，如果对方不是出自自己内心的真正选择，那这种婚姻就很难长久地维持下去。

# 深思熟虑才能有正确的选择

　　从小到大,我们已经掌握了许多关于勤奋的格言,以至于勤奋几乎成了我们眼中唯一不变的成功法则和真理。但是也许你总会遇到这样的情况:工作经常加班加点,但是没有得到升迁的机会;付出的总比别人多,却没有比看起来更轻松的人富有;累死累活却得不到众人的肯定……这些事实的存在说明你过分迷信勤奋的作用,而忽略了勤奋和努力的一个必要前提,那就是要做出正确的选择。

　　有一位美国青年无意间发现了一份能将清水变成汽油的广告。

　　这位美国青年喜欢搞研究,满脑子都是稀奇古怪的想法,他渴望有一天成为举世瞩目的发明家,让全世界的人都享用他的发明成果。

　　所以,当他看到水变汽油的广告后,马上买来了资料,把自己关在屋子里,不接待任何客人,一切与外界的联系都被他切断了。他需要绝对的安静,需要绝对的专心,直到这项伟大的发明成功。

　　青年夜以继日地研究,达到了废寝忘食的程度。每次吃饭的时候,都是母亲从门缝里把饭塞进来,他不准母亲进来打扰他。他常常是两顿饭合成一顿吃,很多时候把黑夜当作黎明。善良的母亲看见儿子越来越瘦,终于忍不住了,趁儿子上厕所的时候,溜进他的卧室,看了他的研究资料。母亲还以为儿子的研究有多伟大,原来是研究水如何变成汽油,这根本是不可能的事情。

　　母亲不想眼睁睁地看着儿子陷入荒唐的泥淖无法自拔,于是劝儿子说:"你要做的事情根本不符合自然规律,别再瞎忙了。"可这位青年压根儿就不听,他头一昂,回答说:"只要坚持下去,我相信总会成功的。"

　　5年过去了,10年过去了,20年过去了……转眼间,那位青年已白发苍苍,父母死了,没有工作,他只能靠政府的救济勉强度日。可是他的内心却非常充实,屡败屡战,屡战屡败。一天,多年不见的好友来看他,无意间看到了他的研究计划,惊愕地说:"原来是你!几十年前,我因为无聊贴了一份水变汽油的假广告。后来,有一个人让我邮购所谓的资料,原来那个人就是你!"

他听完这一番话,当时呆住了。

我们一直以为坚持就是好的,而放弃就是消极的思想。其实坚持代表一种顽强的毅力,它就像不断给汽车提供前进动力的发动机。但是,前进需要正确的方向,如果方向不对,只会离目标越来越远,这时,只有先放弃,等找准方向再重新努力才是明智之举。这就是水变汽油的悲剧带给我们的启示。

每个人都希望自己能够成功,特别是有了一些成就和地位的人,对于成功的渴望更加迫切。可是,正是因为非常渴望成功,人们往往只注意脚下的路,而忘记停下来分辨方向。所以在生活中,有很多人明明离成功已经很近了,但是他一直在做反方向的努力,所以注定了他离当初的目的地越来越远。

"南辕北辙"的故事影响了一代又一代的人,人生的悲剧不是无法实现自己的目标,而是不知道自己的目标是什么。成功不在于你身在何处,而在于你朝着哪个方向走,能否坚持下去。没有正确的目标,就永远无法到达成功的彼岸。

寻找人生的方向。

在工作中,不少忙碌的人就像走入了雾气弥漫的森林,拼命地想缩短与林外目的地的距离,却因失去了方向感而越走越远,越来越往森林的最深处摸进。

高尔夫球教练总是教导学员说,方向比距离更重要。因为打高尔夫球需要头脑和全身器官的整体协调,所以每次击球之前,选手都需要观察和思考,需要靠手、臂、腰、腿、脚、眼睛等各部位的有效配合进行击球。而击球的关键则在于两个"D",即方向(Direction)和距离(Distance)。初学者中有不少人只想着把球打远,而忽视方向的重要性,其实,方向要比打远更重要!

人生就像打高尔夫球,如果方向对了,即使走得慢也能一步一步接近成功,可是如果方向错了,不仅白忙一场,还可能离成功越来越远。既然方向对于我们如此重要。那么如何寻找人生的方向就成了我们必须面对的难题。

怎样才能找到适合自己的人生方向呢？

1. 让心灵指引方向。

在你做事情的时候，身边可能有很多人给你提出意见。这些意见是多种多样的，让你一时之间迷失了方向。其实，每一个给你提出意见的人，都是带有一定的自我心理倾向的，他会在不自觉中想要将他的想法强加给你，或者对你有一定的精神依托。

这个世界上，不会有比你更了解自己的人。所以在寻找人生方向的时候，一定要首先考虑自己喜欢的是什么。只有喜欢，才能有激情，才能在追求理想的过程中感受到幸福和快乐，而不是一想到自己将做什么事情，心里就非常抵触，感觉头痛。

钢琴家郎朗，刚开始弹琴时，家里人并不支持，甚至还有些反对，但是他一直在坚持自己的观点，要弹琴，一定要在音乐的领域里实现自己的人生价值。经过多方努力，家人终于不再阻止他，他也成功地走上了世界的大舞台。

选择方向，总会有许多的岔路口，但是不管处境有多么困难，我们都要注意倾听自己内心的声音，让心灵为自己的人生导航。

2. 策划人生方向要具体。

很多人在规划人生的时候，容易犯"空""大"的毛病。可能我们在想：我想买一座大房子。我想买车。我想开一家自己的公司……但是我们很少想为了实现这样的人生目标，具体应该怎么做。

人生策划必须是明确的、清晰的、具体的，还要具有一定的可行性。如果你单单说，我想出人头地，那么是在哪一方面出人头地？怎样的程度才算是你心中出人头地的标准？这些我们必须要想清楚。

3. 人生定位要适当。

人人都有欲望，都想过美满幸福的生活，都希望丰衣足食，这是人之常情。但是，如果把这种欲望变成不正当的欲求，变成无止境的贪婪，那我们就在无形中成了欲望的奴隶了。

在欲望的支配下，我们不得不为了权力、为了地位、为了金钱而削尖了脑袋向里钻。我们常常感到自己非常累，但是仍觉得不满足，因为在我们看来，很多人的生活比自己更富足，很多人的权力比自己大。所以，我们别无出路，只能硬着头皮继续往前冲，在无奈中透支着体力、精力与生命。

所以，我们在进行人生定位时，一定要量力而为，找到最适合自己的，而不是任由欲望支配，始终活在无法实现理想的痛苦里。

"股神"巴菲特说过："在你能力所及的范围内投资，关键不是范围的大小，而是正确认识自己。"所以，想要找准人生方向，就必须先了解自己。

4. 反方向游的鱼也能成功。

人一旦形成了某种认知，就会习惯性地顺着这种定式思维去思考问题，习惯性地按老办法来处理问题，不愿也不会转个方向解决问题，这是很多人都有的一种愚顽的"难治之症"。这种人的共同特点是习惯于守旧、迷信盲从，所思所行都是唯上、唯书、唯经验，不敢越雷池一步。而要使问题真正得以解决，就要改变这种认知，将大脑"反转"过来。

当今社会，大多数企业都喊出了"换个方向就是第一""做一条反方向游的鱼"等口号，因为人们已经发现，随着社会竞争越来越激烈，单靠传统的思想与做法是不可能有多少成功的胜算的。所以，掉转方向，开辟一条全新的道路，不失为一种求发展的良策。

1820 年，丹麦哥本哈根大学物理教授奥斯特，通过多次实验证实存在电流的磁效应。这一发现传到欧洲后，吸引了许多人参加电磁学的研究。英国物理学家法拉第怀着极大的兴趣重复了奥斯特的实验。果然，只要导线通上电流，导线附近的磁针立即会发生偏转，他深深地被这种奇异现象所吸引。当时，德国古典哲学中的辩证思想已传入英国，法拉第受其影响，认为电和磁之间必然存在联系，并且能相互转化。他想既然电能产生磁场，那么磁场也能产生电。

为了使这种设想能够实现，他从 1821 年开始做磁产生电的实验。几次实验都失败了，但他坚信，从反向思考问题的方法是正确的，并继续坚持这一思维方式。

10 年后，法拉第设计了一种新的实验，他把一块条形磁铁插入一个缠着导线的空心圆筒里，结果导线两端连接的电流计上的指针发生了微弱的转动，电流产生了！随后，他又完成了各种各样的实验，如两个线圈相对运动，磁场作用力的变化同样也能产生电流。

法拉第 10 年不懈的努力并没有白费,1831 年他提出了著名的电磁感应定律,并根据这一定律发明了世界上第一台发电装置。

如今,他的定律正深刻地改变着我们的生活。

法拉第成功地发现了电磁感应定律,是对人们通过反方向思考取得成功的一次有力证明。

通常情况下,传统观念和思维习惯常常阻碍着人们创造性思维活动的展开,而反向思维就是要打破固有模式,从现有的思路返回,从与它相反的方向寻找解决难题的办法。常见的方法是就事物的结果倒过来思考,就事物的某个条件倒过来思考,就事物所处的位置倒过来思考,就事物起作用的过程或方式倒过来思考。生活实践也证明,逆向思维是一种重要的思考能力,它对人们的创造能力及解决问题能力的培养具有重要的意义。

80 后新贵茅侃侃,虽然只有初中学历,但他是 Majov 总裁,他能够获得成功让很多人都觉得非常惊奇。但是正如他所说:"人和人的路不同,虽然可能少了几年轻松的时光和一段经历,但早吃亏四五年也可能早成功四五年。"茅侃侃同样没有走传统的道路,在人们都前进的时候,他退了一步,但是他一样取得了成功。

在生活中,我们总是习惯跟在别人的身后跑,不管前方的道路是否适合我们发展,我们都喜欢一味地向前冲。这种思想无疑是受到了传统的从众思想与保守思想的影响。我们总是习惯于向前,可是人生的方向并不是单一的,也不是只有前方才能找到人生的突破口。在面对困难的时候,如果一直坚持向前,却找不到更好的出路,不妨换个方向,向后看看。

## 魔力悄悄话

不要以为机会总在前方等着我们,有时候,恰恰是我们最固执的时候,它跑到了我们的身后,轻轻地拍了拍我们的肩膀。

# 解剖自己,认识你的性格弱点

在接受改变自己的开始,你先要做的是解剖自己、了解自己。

现在思考这样的问题:

你觉得自己生命中最重要的东西是什么?

你最希望一生取得的成就是什么?

你希望别人对你一生的评价是什么?

在生命的最后一天,你最想做的事是什么?

你应该明确你的人生理念,你需要知道什么是对你自己最重要的事情。我相信,你不想成为窝囊废和垃圾,你希望重新组建你的生命。可是,现状对你来说太困难了,你感到很难去改变。

你的弱点就像铁链,而你就好似被锁住的老虎,虽然你想成为森林之王,但还是被弱点的锁链牢牢拴住。你被自己的弱点击败了,如果你不改变,早晚会被自己的性格弱点溺死。

看看下面的选项你有几个?

自卑

(　　)跟朋友出去郊游,由于朋友走快了点,你就以为他们在孤立你、看不起你。

(　　)朋友开玩笑地提起一件你比较尴尬的事情的时候,你不会跟他说:"嘿,你这家伙,真不给面子啊!"而是自以为巧妙地转移话题。

(　　)挑选自己的衣服时你总是询问别人的意见。

(　　)跟一群人在一起走的时候,你会离那些不如你的人比较近。

(　　)你有时候会向别人询问些你已经确定了的事情。

拖延

(　　)星期一的早晨,你又为起床感到费劲,你觉得这对你太难了。

(　　)你明知道你染上了一些恶习例如抽烟、喝酒,而又不愿改掉,你常常跟自己说："我要是愿意的话,肯定可以戒掉。"

（　　）总是制订健身计划,可你从不付诸行动,"我该跑步了……从下周开始吧!"

（　　）你想做点体力活,如打扫房间,修剪草坪等等,可是你却迟迟没有行动,你总有各种各样的原因不去做,诸如工作繁忙,身体很累等等。

（　　）你的洗衣机里已经塞不下你的脏衣服了。

没有目标

（　　）你有拿着笔发呆的习惯。

（　　）你整天泡在网上,却不清楚自己到底对网络上的什么东西感兴趣。

（　　）每个周一,你从来都不会花10分钟去考虑下这周要做什么? 而是有什么事做什么事。

（　　）给你一个10天的长假,你会稀里糊涂地度过。

（　　）你有报告要写,有客户要见,还有个饭局要去。这些事都很急,但你却花了半小时来决定先做什么。

抱怨不停

（　　）今天你的上司找你谈了话,你回到办公室非常不开心,于是拉了个同事开始抱怨领导对你有多么不好。

（　　）回到家,你总是喜欢把今天碰到的烦心事告诉你的每位亲人,而且是不停地说。

（　　）上班第一天,你就洞察办公室里人心叵测,各怀鬼胎,存心给你下马威。

（　　）你觉得你的朋友吃的像货车一样多,却丝毫不发胖,而你呢? 只要看一眼巧克力就会变胖。

（　　）回到家你就开始跟家人说"无能"的同事加薪了,而你只能等下次了。

（　　）你最近在看一本畅销书,但你觉得很一般,封面也难看,价格还贵,买了真是上当。

冷漠

（　　）你从来没有给老人或者其他需要座位的人让座。

（　　）当你看到身边有不愉快的事情发生,例如打架、抢劫,你视而不见。

（　　）你从不关心任何与你无关的事,当别人谈论时事的时候,你便离开。

（　　）周末,你总是喜欢让自己独自在家,虽然孤独寂寞,也免得麻烦。

（　　）上午上班的时候,你连续沉默了1个小时,不说一句话。

虚荣

（　　）你喜欢谈论有名气的亲戚朋友或以与名人交往为荣。

（　　）热衷于时髦服装,对于西方的流行货万分倾倒,对于名牌津津乐道。

（　　）你喜欢和别人谈论电影、名著和艺术,但其实自己知道的也不多,但你就为了得到别人的赞许。

（　　）你希望表现自己,尤其想在大庭广众面前露一手,因为这会引起大家对你的重视。

（　　）经常停留在商店橱窗前,悄悄欣赏自己的身影,欣赏自己的照片已成为生活的一部分?

自我设限

（　　）今天老板让你做某些事,而你感到自己太年轻或太老,于是你感到力不从心。

（　　）你经常为自己的相貌感到苦恼,最后你得出这样的结论:我就是长得不漂亮。

（　　）你现在很痛苦,因为你在事业上多次失败,你觉得你肯定不能成功,时常对自己说:"我命中注定就是这样倒霉。"

（　　）昨天,和朋友逛商场之前,你跟他说:"我觉得那个商场肯定不能买到好衣服,一向如此。"

（　　）最近你想追求一个女孩,但是你觉得自己的相貌配不上她。

自私

（　　）跟同事一起吃饭的时候,你总是假装没带够钱。

（　　）这一星期你又为车位跟别人争执,甚至还出言不逊。

（　　）朋友来你家玩,你害怕他们看到你珍藏多年的红酒或是雪茄。

（　　）跟别人谈话,你有时会打断别人的话,自己侃侃而谈。

（　　）你反感你的一个朋友或同事,因为他总是想和你借东西。

不守承诺

（　　）你答应帮朋友一个忙,却给自己找种种借口不去兑现。

（　　）你的时间观念太差，约了8点，往往8：15才到。

（　　）你告诉你的属下，如果他们工作出色就加薪，但是你总能找到不加薪的理由。

（　　）你答应请朋友去吃饭，却因为别的事或懒惰一拖再拖。而且最可恶的是，你并没有为此做出解释和弥补。

苛求完美

（　　）你为一个项目做了多个计划，但是你却很难决定用哪个计划。

（　　）你认为没有十足的把握通过一个并不重要的考试，就请了病假。

（　　）你一直在寻找你心理理想的配偶，但是，至今你仍然是单身一人。

（　　）你因为鼻子上有一个不用放大镜就看不到的斑点而不敢照镜子，甚至要去整容。

这些性格弱点，是令人讨厌的魔鬼，想要抛弃它们也并不困难，现在，让我们马上行动！按照下面的顺序，认真完成其中的每一项。

行动1：现在，花点时间在你头脑中搜寻最有趣的回忆，把平时最吸引你的活动记录下来，当你的伤心事浮上大脑的时候，立即转移到让你高兴的事情上，也就是下面记录的让你高兴的事情上面。

我最甜美的回忆：

我最喜欢做的事情：

行动2：你对自己最不满意的地方是什么？你觉得自己自卑的源头是什么？

思考5分钟，然后记下来：

从现在开始下定决心改变现状，记住：自源头改变！

每天跟自己大声说：

谁都无法阻挡我走向成功！

行动3：现在我要你走到大街上，对身边的每个陌生人微笑，找到两个陌生人进行5分钟以上的交谈。怎么样，这个行动对你来说是不是非常有挑战性？

别害怕，开始你也许会觉得这令你难堪，相信经历几次，你就会掌握与陌生人交谈的技巧和心态。

行动3很有难度，如果你能成功，我敢说你已经离自卑越来越远。你也要相信这一切，相信自卑其实是那么地不堪一击。

然后,再按以下5个步骤来从观念上改变自己。

第一步,经常跟自己说"我真棒"!

自卑,就是因为自己不能正确认识自己,看不起自己,不相信自己的力量,总有一种无力感,做什么事情总是自暴自弃,什么都要依赖别人,结果是什么事情都做不好,都做不成。我说的一点都不过分,那些终日靠抽烟、酗酒、娱乐而打发自己时光的人,其中有很多都是由于不相信自己能做成大事,对自己已经失去了信心,导致他们这样白白浪费自己的生命。

听过这样一个真实的故事:一个冷酷无情且嗜酒如命的人,在一次酗酒过量之后把酒吧里自己看着不顺眼的服务员给杀了,结果被判终身监禁。他有两个相差一岁的儿子,其中一个因为时常背负着有这样一个老爸的强烈自卑感,而最终也染上了吸毒和酗酒的恶习,结果他也因为杀人而步入监狱。另一个孩子,他现在已经是一个跨国企业的CEO,并且组建了美满的家庭。说起来可能有些人不相信,造成这种差距的原因仅仅只是因为他不把自己有个杀人的父亲当作自卑的负担放在身上,他在做任何事情前都不断告诉自己:"我有个杀人父亲的事实虽然不能改变,但是我可以改变自己,我依然是最出色的!"

所以,你要经常跟自己说"我一定能行"。做事情的时候,你必须总是想着"一定"这个词语,因为本来你就是出色的,并且你会付之于实际行动。这样做,开始时可能会感到不习惯,时间长了,经过几件成功的事之后,你慢慢就会发现"天生我才必有用",原来自己一直就是最棒的,一直都是最出色的。

第二步,学会从"小目标"做起。

在你多次碰壁、屡遭挫折之后,你可能觉得自己是个无能的人,因此你感到自卑,做任何事情都会怀疑自己。恕我直言,不要太好高骛远,要确立合适的目标,从小事上做起,一步一步地去干那些自己能干的事,即采用"小步子"的方式来调适自己的心理。

我认识一位长跑高手,他在很多比赛中都获得过胜利,于是我就请教他是如何保持充沛体力到达终点的。他笑了笑,告诉我其实他的做法很简单,就是把通向终点的道路分成很多个小段,开始跑的时候他先向最近的一小段终点前进,当到达时他便鼓励一下自己,这样更有信心跑向下一小段的终点。这样做的好处是他能很容易达到一个个小的终点,持久保持信心,最终到达整个长跑比赛的终点。

你不能没有"大目标",你必须有长远的打算,但是,当这些长远的目标制订出来以后,更重要的是多设一些中间目标,一步一步完成,经常用能完成的"中间成就值"来鼓励自己。你得学会在你的强项中获得成功,而成功的经验和积累可以不断地消除你的自卑感,增强你的信心。总之,通过不断的成功会改变"瞧不起自己"的自卑心态,最终你会发现自己找回了久违的自信。

第三步,不要有太强的虚荣心。

你不要有永远无法满足的虚荣心。自卑与自傲看起来距离很大,实际上却是孪生姐妹。一般来说,自卑心理强的人往往有过高的自尊心,他们心理包袱很大,不能轻装前进。在另外一些时候,虚荣心督促你努力奋斗,可是一旦失败,你会比平常还要失望,你的内心所受打击也较之平常要大很多。

你必须明白,这个心理包袱是你自己背上的,是你"自寻烦恼"的结果。正因为如此,我要你丢掉你那颗虚荣的心,把戴在你脸上的面具彻底揭掉。

第四步,忘掉过去所发生的一切。

你要努力从过去的心理创伤中摆脱出来,不要总是责备自己。让我感到难过的是,很多像你一样自卑的人往往是因为沉浸在过去不能自拔,做事之前总会联想到与这件事相似的经历,如果这个经历是痛苦的,你做事的信心会受到严重打击。比如说你想追求一个漂亮女孩,可是过去的失败经验告诉你这对你来说太难了,于是当你面对那位姑娘的时候,你肯定会怀疑自己的能力,你会感到自卑。所以,争取迅速忘掉过去发生的那些负面的东西,对你来说是非常重要的一件事。

当你想到过去不愉快的事情时,要迅速转移"目标",要经常用愉快的事情来调节自己。学会改变自己内心的忧愁,这等于铲除自卑产生的土壤。如果你想起了过去不开心的事,那么赶快找点"乐子"吧,看个喜剧电影或是找朋友打打球,让不开心的事从你身边滚开,这种方法对于时常自卑的人来说非常有效。

第五步,扔掉身心缺陷的包袱。

你绝对不能用"有色眼镜"看待自己,更不能用"有色眼镜"看待他人。也许你会说:"我的命运这么凄惨,又能有什么办法呢?"我们可以看看艾德

·罗伯茨的例子。他 14 岁时感染小儿麻痹症，颈部以下瘫痪，坐在轮椅上，他只能依靠一个呼吸设备维持自己的生命，按照所谓正常的逻辑，艾德肯定会在自卑的痛苦中生活一辈子。

可是，你知道他是怎么做的吗？在他 20 岁的时候，他终于认识到自怨自艾于事无补，他开始不间断地教育和影响大众，15 年坚持不懈，社会终于注意到了残疾人的权利。如今很多公共设施都设有轮椅走的上下斜道和残疾人专用停车位，商场、超市也设立许多残疾人行动的扶手，这都是艾德的功劳。

## 魔力悄悄话

你必须知道，社会中绝大部分人都是怀有同情、关心、爱护之心的。我坚信，当你用顽强的毅力获得成果时，社会对你将会更加地尊敬，不必要为一些身体的缺陷而背上瞧不起自己的包袱。

# 第六章
## 考虑好了再做才能成功

想好了,就去做——抱负再大志向再大,机会也只会垂青有备而来的人。每一次差错皆因准备不足,每一项成功皆因准备充分。准备好能够使你赢得成功。

# 你做好迎接机会的准备了吗

如果说成功确实有什么偶然性的话,这种偶然的机会也只会垂青有准备的人。

世界上最可悲的一句话就是:"曾经有一个非常好的机会,可惜我没有把握住。"遗憾的是,这种事情在很多人身上都发生过。其实,机会对我们所有人都是平等的,它有可能降临在我们每一个的身上,但前提是:在它到来之前,你一定要做好准备。

有一个叫罗伯特的美国人,想用80美元来周游世界,别人都认为他是在痴心妄想。

罗伯特没有理会那些冷嘲热讽,他找出一张纸,写下为用80美元旅行所做的准备。

1. 设法领取到一份可以上船当海员的文件;

2. 去警察局申领无犯罪证明;

3. 考取一个国际驾驶执照,找来一套地图;

4. 与一家大公司签订合同,为之提供所经国家的土壤样品;

5. 同一家胶卷公司签订协议,可以在这家公司的任何一个分公司免费领取胶卷,但要拍摄照片为公司作为宣传。

当罗伯特完成上述的准备之后,他就在口袋里装好80美元,兴致勃勃地开始了自己的旅行。结果,他完全实现了自己的梦想。

以下是他旅行的一些经历的片断:

1. 在加拿大巴芬岛的一个小镇用早餐,他不付分文,条件是为这家餐馆拍照并承诺在旅行中宣传;

2. 在爱尔兰,花5美元买了4箱香烟,从巴黎到维也纳,费用是送司机一箱香烟;

3. 从维也纳到瑞士，由于他搭乘货车的司机在半途得了急病，已经拥有国际驾驶执照的他将司机送到了医院，并将货物安全送到了目的地。货运公司非常感激他，专门派车将他送到了瑞士，当然是免费的；

4. 在西班牙一家新开张的公司门口，由于他们用来拍摄庆祝画面的照相机出了故障，罗伯特免费为他们拍摄了照片，他们送给罗伯特一张到达意大利的飞机票；

5. 在泰国，由于提供了一份美国人最近旅游习惯的资料，他在一家高档的宾馆享受了一顿丰盛的晚餐。

……

　　愚者错失机会，智者善抓机会，成功者创造机会。对有准备的罗伯特来说，遍地都是机会。看来，这准备二字，真不是说说而已。

　　在2005年的西甲赛场上，新近出现了一位神奇的门将，他就是西班牙人卡梅尼。本赛季卡梅尼6次扑点球成功，而罚球者都是声名显赫的球员，如托雷斯、罗纳尔多、巴普蒂斯塔和洛佩斯等。

　　如今，卡梅尼已经成了西甲不折不扣的"点球大师"，尽管他才20出头。对于扑点球，卡梅尼有着自己独特的理解："罚点球就像西方的决斗，是两个人之间的决斗。要想战胜对手，你就必须了解对手，了解对手使用什么武器，知道对手会往哪个方向踢，会踢半高球还是低平球。"

　　当然，要做到这一点，卡梅尼付出了极大的努力。据他的老师，西班牙人的守门员教练恩科马透露，卡梅尼每场比赛之前都要观看无数的录像带，尤其是对手罚点球的录像带。"在走上球场之前，卡梅尼其实早就知道，对方阵中谁会主罚点球，主罚点球的人是踢左脚还是右脚，喜欢往左边踢还是往右边踢。"

　　正因为这样，西班牙人俱乐部已经宣布，联赛结束后的第一件事，就是给卡梅尼加薪并修改合同，全力保住这名天才门将。

　　一个如此年轻的球员，能够在高手如林的西甲联赛中，得到这种别人梦寐以求的发展机会，并不仅仅缘于教练恩科马的精心培养，更重要的是，他用充分的准备为自己创造了一片新天地。

　　大家也许都对证券界的巨人巴菲特感到好奇，想知道他是如何在瞬息万变的股票市场敏锐地发现机会、把握机会的。巴菲特曾经说过："做一个有准备的投资人,而不是冲动的投资人。"其实,这句话就已经把答案告诉我们了。

巴菲特对那些想在股市中赚大钱的年轻人的忠告是:先准备好足够的会计知识,因为会计是一种通用的商务语言,通过会计财务报表,你会发现企业的内在价值,而冲动的投资人看重的只是股票的外在价格。

还有,不要急于购买某个公司的股票,在这之前应该多了解这个公司的情况。虽然有时你不可能亲自去这个公司的总部考察,但你可以给他们打电话进行了解,并认真阅读他们公司的年报。巴菲特认为,如果一个公司的年报让你看不明白,这家公司的诚信度就值得怀疑,或者该公司在刻意掩藏什么信息,故意不让投资者明白。

很多人都在羡慕那些看上去似乎是一夜暴富的人,总感慨自己没有得到像他们那样的机会。可是,大家都看到了他们成功的一面,却没有意识到在他们风光的背后,是为达到目的所做的准备和付出的努力。如果说成功确实有什么偶然性的话,这种偶然的机会也只会垂青那些有准备的人。

有一个真实的故事,几年前,两个乡下女孩来到大城市寻求发展,她们合租了一间房子同住。这两个女孩都因为家境贫困而辍学,但她们希望能在这里找到一份待遇不错的工作,有一天能过上幸福的生活。虽然两人的条件都差不多,但让人吃惊的是,她们后来的遭遇却迥然不同。

其中一个女孩,以她的年龄来说,是相当具有智慧的,她明白机会不会凭空从天上掉下来。于是,她早早就开始为她的未来做准备了。最初,她只是在一家宾馆做清洁卫生的工作,但她非常认真,而且在业余时间里到附近的培训学校选修了酒店管理的课程。她还注意矫正自己的乡下口音和一些都市人所难以接受的习惯。现在,她已经成了这家宾馆服务部的经理,后来还与一位年轻有为的律师结了婚,她终于得到了她想要的幸福。

至于另外那个女孩,她却一直沉溺在自己的梦想之中,整天幻想着能突然遇到一个白马王子来使自己过上向往的幸福生活。虽然中间也曾有一些不错的小伙子对她产生过好感,但毫无准备的她却都让这些机会擦肩而过。一直到现在,她还生活在这个都市的最底层。

我们当中有很多人都像第二个女孩一样,每天都幻想着会从天上掉下来一个非常好的机遇，从而实现自己的梦想。他们并没有意识到，机会其实无处不在，但没有准备的人是不会看到它的。

在很多企业中，你可能听到最多的一句话就是："我们的经理只是运气好，撞上了晋升的机会，要是给我这个机会的话，我一定会比他干得出色得多。"其实，这些话不过是他们的自我安慰罢了。要知道，突如其来的机会对于没有准备的人来说，有时比陷阱还要可怕。

一家公司销售部的经理因为一场车祸而躺在了医院，而公司马上要和一家跨国企业进行一场市场合作的谈判，各种材料都已准备就绪，日期也早已定好了，这是无法改变的。于是，公司决定让这个经理的助手承担这次谈判任务。公司的董事长还对这个助手进行了暗示，由于销售经理受伤非常严重，出院以后也无法再回原岗位工作了，如果这次谈判成功的话，销售部经理的职位就是他的了。

从天而降的机会让这个助手兴奋极了，他想，这次谈判的前期工作都已经做完了。合作方式、公司的底线都已经确定，销售部经理办公室里那张舒适的椅子终于轮到我坐了。

但是，当谈判才进行到第二天时，那家跨国公司就中止了这次合作意向。原来，虽然这个助手也参与了这次谈判的前期工作，但他却没有从一个谈判代表的角色上去进行必要的准备。比如：对方参加谈判的有几个人？他们是怎样的性格特点？他们有什么特殊的要求？其实，这些信息都存在销售部经理办公室的电脑里，被兴奋冲昏了头脑的他根本没有去想这些。结果，谈判从一开始就进行得不顺利。对方认为有一些事项早已沟通过了，可这位助手却一问三不知；对方都是对香烟极其厌恶的人，而这位助手却在谈判桌上吞云吐雾；对方有喝下午茶的习惯，而这位助手却没有准备……

这次谈判失败了，这位助手不但没有坐上销售经理的位子，而且连原来的职位也没有保住。董事长认为，一个做不好准备工作的人无法胜任任何工作，这位助手被公司辞退了。

在这位助手身上所表现出的懒懒散散、马马虎虎，对任务缺乏认真准备的工作态度，在许多人的身上都能找到。这种被动的行为，这种道德的愚行导致他们什么也做不了。

你还在苦苦地盼望着机会吗？那好,马上去做准备吧! 你的任务便是要时刻做好准备,走在人前。

魔力悄悄话

机会对于有准备的人来说,是通向成功之路的催化剂;对于缺乏准备的人来说,却是一颗裹着糖衣的毒药,在你还沉浸在获得机会的兴奋之中时,它却会给予你致命的一击。

# 思考是高效执行的第一步

一个高效的执行者所采用的模式应该是这样的：思考——准备——执行——成功。

有相当一部分员工并不缺乏主动精神和工作热情，他们缺少的是在接受任务以后踏踏实实的准备。在某些时候，这种盲目主动和热情下的工作效率是非常低下的。

盲目的准备和努力毫无意义。

有一位勤劳的伐木工人，被指令砍伐100棵树。接受任务以后，他毫不拖延地投入到了工作当中，每天工作10个小时。可是渐渐地，他发觉自己砍伐的数量在一天天减少。他开始想，一定是自己工作的时间还不够长，于是除了睡觉和吃饭以外，其余的时间他都用来伐树，一天要工作12个小时。但他每天砍伐的数量反而有减无增，他陷入了深深的困惑之中。

一天，他把这个困惑告诉了主管，主管看了看他，再看了看他手中的斧头，若有所悟地说："你是否每天用这把斧头伐树呢？"工人认真地说："当然了，没有它我可什么也干不了。"主管接着问道："那你有没有磨利这把斧头呢？"工人的回答是："我每天勤奋工作，伐树的时间都不够用，哪有时间去干别的。"

听到这里，主管说："这就是你伐树数量每天递减的原因。虽然工作热情很高，但你连工作必需的工具都没有准备好，又怎么能提高工作效率呢？"

在我们身边，有很多人像这个伐树工人一样，总是忘了应该采取必要的准备使工作更简单、更快捷。不做足准备你又怎么能指望他们高效高质地执行好任务呢！要知道，在信息时代的今天，不磨刀就等于没有刀！

在企业中，总是有50%的指令被变通执行或打了折扣执行，30%的指令有始无终,最后不了了之,15%的指令根本没有执行,也就是说,实际上只有5%的指令真正发挥了作用。

其实,问题就是出在了准备上。

现在,让我们看一看3个员工对待同一个指令的不同态度产生的3种不同结果。

某家大型企业集团的采购部经理脾气暴躁,傲气凌人,许多想向他推销产品的业务员都碰了钉子。

有一次,他到某个城市出差,一个办公设备生产企业的销售主管知道后,决定派员工A去拜访他,把企业的产品推销出去。由于这位经理只在这个城市停留一周,所以销售主管希望能在他回去之前草签一个合作意向。A接受了任务后,心想:这个经理不好打交道是出了名的,许多公司的人都被他整得下不了台,给的时间又这么短,我肯定完不成任务,不如想个办法躲过去吧。

于是,他第二天并没有去宾馆拜访这位经理,而是在家里舒舒服服地休息了一天。第三天一早,他回到公司,对主管说:"咱们得到的消息太晚了,他已经和别的公司签订了合同,这个客户只能放弃了。"

主管听说后感到非常失望,但又不甘心丢掉这个大客户,于是决定再派员工B去试试。

B接受了任务以后,什么也没有说,把要推销的产品的简介往包里一塞,在10分钟之后就赶到了采购经理所住的宾馆,他直接来到了经理的房间,敲开门后马上开始介绍自己的产品。

谁知采购经理有睡午觉的习惯,被B吵醒后已经非常愤怒,哪里有心情听他说些什么,一通臭骂将B轰了出去。B并没有泄气,他在宾馆的大堂里坐下,想等经理下来吃晚饭的时候再向他展开攻势。而经理因为被人打搅了午睡,整个下午都昏昏沉沉的,到了晚上根本没有胃口吃饭,早早就休息了。

可怜B在大堂里一步也不敢离开,一直等到晚上10点才饿着肚子回去了。

第二天的早上,当B带着失败的消息回到公司后,销售主管已经不抱什么希望了。正当他准备放弃的时候,突然看到了刚进公司没几天的C,主管想:反正已经没希望了,不如让 C 去碰碰运气,就当是锻炼新人吧。于是,C 又接受了这个任务,而这时距采购经理离开的时间只剩下 3 天。C 并没有急于去宾馆,而是通过各种渠道详细了解采购经理的奋斗历程,弄清了他毕业的学校,处事风格,关心的问题以及剩下这几天的日程安排,最后还精心设计了几句简单却有分量的开场白。

这些准备工作用了 C 一天的时间,到了第二天一早,C 还没有去宾馆,而是回公司整理了一个小时的资料,把公司产品和竞争对手的产品进行了详细的比较,并将能突出自己产品优势的地方全都列了出来,然后把那位采购经理对产品最关注的耐用性、售后服务等关键点进行了非常具有诱惑力的强化。因为他已经查明,采购经理今天上午有一个简短的约会,要到 10:30 才回去,所以做这些准备工作在时间上来说是绰绰有余。C 在 10:15 到了宾馆,在通向经理房间必经的电梯旁等候。10:30,采购经理回到了宾馆后直接上了电梯,C 也马上跟了进去,从经理最感兴趣的话题开始,很快就得到了去经理房间喝咖啡的邀请。后来的事就很简单了,采购经理一次就定购了这家公司一个季度的产品量,并且签订了正式合同,甚至在他临走的那一天,这笔业务的预付款就已经到达小 C 所在公司的账户了。

在工作中,不仅仅要重视准备,还必须学会怎样去做准备,这是任何一个想成为卓越员工的必修课。

## 准备工作必须要有明确的方向与目标

跟着目标走才不会迷路。同样,准备工作也必须要有明确的方向与目标,盲目的准备往往只会是徒劳的。

从一开始做准备时就有明确的目标,意味着从一开始时你就知道自己的目的是什么,这样才能有针对性地将工作集中到一个点上,准备才会有的放矢。那种看似忙忙碌碌,最后却发现与目标南辕北辙的情况是非常令人沮丧的。这也是许多效率低下、不懂得卓越工作方法的人最容易出现的错误,他们往往把大量的时间和精力浪费在了毫无价值的准备工作当中了。

在一个漆黑的夜晚，一个人正在灯火通明的房间里四处搜索着什么东西。

有一个人问他："你在寻找什么呢？"

"我丢了一颗宝石，这是我祖母留给我的，必须找到它。"这个人回答。

"你把它丢在这个屋子的中间，还是墙边？"第二个人问。

"都不是，我把它丢在屋外的草地上了。"他又回答。

"那你为什么不到草地上去寻找呢？"第二个人奇怪地问。

"因为那里没有灯光，而屋子里有。我把这里的灯全打开了，并把屋里阻挡我视线的家具都搬了出去，还找矿务局的朋友借了一个探测矿石的仪器，你看，我准备得足够充分了吧！"这个人自豪地说。

看完这个故事，你肯定会觉得这个人很可笑。然而，我们中的有些人每天都在错误的地方寻找他们想要的东西。

一个想要找到金矿的采矿者，如果他认为在海滩上挖掘更容易，而到那里寻找金子的话，不管准备工作做得多么充分，他找到的肯定也只是一堆堆的沙土和贝壳。

请注意下面这则调查：

很多年前，美国耶鲁大学对即将毕业的学生进行了一次有关人生目标的调查研究。研究人员向参与调查的学生们问了这样一个问题："你们有人生目标吗？"对于这个问题，只有10%的学生确认了他们的目标。

然后，研究人员又问了学生们第二个问题："如果你们有目标，那么，你们是否把自己的目标写下来了呢？"这次，总共只有3%的学生的回答是肯定的。

20年后，耶鲁大学的研究人员在世界各地追访了当年那些参与调查的学生们。他们发现，当年明确把自己的人生目标写下来的人，无论从事业发展，还是生活水平上来看，都远远超过那些没有这样做的人。这3%的人所拥有的财富居然超过了其余97%的人的财富总和。

这3%的人的成功，离不开他们从一开始工作就怀有的明确目标。

在耶鲁大学的这个关于人生目标的研究项目里，那些没有把人生目标写在纸上的人一生在干什么呢？原来他们忙忙碌碌，一辈子都在直接间接地、自觉不自觉地帮助那3%有明确人生目标的人实现他们的奋斗目标。

也许有人会说,为什么同样都是有目标的人,有的人成功了,有的人却失败了?

那是因为在为一件事做准备时,不但要制定明确的目标,更重要的是要始终专注于这个目标,不能因为其他事情的出现而分散你的注意力。如果你今天想成为一个营销高手,明天想成为一个管理专家,后天又想当一个出色的设计师。最终的结果只能是得不偿失,你的准备工作很可能前功尽弃。这样,显然无法把接下来本应该做得很好的工作完成得令人满意。请相信这样一句话:一个好猎手的眼中只有猎物。

在茫茫的大草原上,有一位猎人和他的3个儿子。这天老猎人要带上3个儿子去草原上猎野兔。一切准备得当,4个人来到了草原上,这时老猎人向3个儿子提出了一个问题:"你们看到了什么呢?"

老大回答道:"我看到了我们手里的猎枪,草原上奔跑的野兔,还有一望无垠的草原。"

父亲摇摇头说:"不对。"

老二的回答是:"我看到了爸爸、大哥、弟弟、猎枪、野兔,还有茫茫无垠的草原。"

父亲又摇摇头说:"不对。"

而老三的回答只有一句话:"我只看到了野兔。"

这时父亲才说:"你答对了。"

果然,老三打到的猎物最多。

目标要专一,不能游移不定。眼中只有猎物的老三能猎到最多的猎物就是最好的佐证。但事实证明,大多数的人都有一个共同的悲哀——目标游移不定。没有明确的目标,又怎么去着手准备工作呢?最后只能一事无成。

比如,在工作中,如果你想成为一个优秀的销售人员,就要把提高销售额作为自己明确的目标,一切准备工作都应该围绕着这个目标展开。你要去了解市场行情、掌握销售技巧、锻炼出众的口才等等。同样,如果你想成为一个优秀的产品开发人员,就要把开发设计出最具竞争力的产品作为自己准备的方向,借鉴其他产品的优点、调查市场对同类产品的需求等等。只有这样,你才能在工作中脱颖而出。

**魔力悄悄话**

目标,正如射击场上的靶子,它会告诉你射击的方向,还会显示出你的子弹离靶心有多远。有了明确的目标,你就不会盲目地浪费时间和精力去做那些无谓的准备。

# 在小事和细节上多思考

## 轻视小事、忽略细节，就永远成不了大事

一名美国人到上海参加一个商务会谈，入住在一家五星级的酒店。当这个美国人早晨从房间出来准备吃早餐时，一名漂亮的服务小姐微笑着和他打招呼："早上好，杰克先生。"美国人感到非常惊讶，他没有料到这个服务员竟然知道自己的名字。服务员解释说："杰克先生，我们每一层的当班服务员都要记住每一个房间客人的名字。"美国人一听，非常高兴。

在服务员的带领下，美国人来到餐厅就餐。在用过一顿丰盛的早餐后，服务员又端上了一份酒店免费奉送的小点心。美国人对这盘点心很好奇，因为它的样子太怪了，就问站在旁边的服务员："中间这个绿色的东西是什么？"那个服务员看了一眼，后退一步并做了解释。当客人又提问时，她上前又看了一眼，再后退一步才回答。原来这个后退一步就是为了防止她的口水会溅到食物上，美国客人对这种细致的服务非常满意。

几天以后，当美国客人处理完公务退房准备离开酒店时，服务员把单据折好放在信封里，交给这位客人的时候说："谢谢您，杰克先生，真希望不久就能第三次再见到您。"原来，这位客人在半年前来上海时住的就是这家酒店，只不过上次只住了一天，所以对这个服务员没什么印象，谁知她居然还能记得。

后来，这位美国客人又多次来过上海，当然，他每次肯定会住在这家酒店，而那位服务员的服务依然是那么细致入微。当这个美国人最近一次入住这家酒店时，发现当年的那位服务员现在已经是酒店的客房部经理了。

这是必然的结果,任何企业都不可能不提拔像那位服务员一样,在工作中的任何一件小事和细节上都能准备得如此充分的员工。

纵观那些卓越的员工,无一不是在细节的准备上下过大功夫的。你在他们的工作中看不到任何拖泥带水的现象,从他们的举止行动中你能感受到一个高素质人才的表现。他们总能在细节上做得让老板挑不出任何毛病,也总能在细节上让他们的客户感到十分满意。

日本东京贸易公司有一位专门为客户订车票的小姐,经常给德国一家公司的商务经理预定往来于东京和大阪之间的火车票。不久,这位经理发现了一件看似非常巧合的事,每次去大阪时,他的座位总是在列车右边的窗口,返回东京时又总是靠左边的窗口。

有一次,这位经理把这件事告诉了订票小姐。小姐说:"火车去大阪时,富士山在你的右边,返回东京时,它则是在你的左边。我想,外国人都喜欢日本富士山的景色,所以每次我都替你买了不同位置的车票。"

就这么一桩不起眼的小事使德国客户深受感动,并促使他把与这家公司的贸易额由原来的400万马克提高到了1000万马克。一张小小的车票居然价值600万马克,这不能不说是在小事上做足了准备的结果。

事实上,随着现在企业的规模不断扩大,员工的数量也日益增多,彼此之间的分工也越来越细,其中能够决定大事要事的高层管理者毕竟是少数,绝大多数员工从事的还是简单的,烦琐的,不起眼的小事。但卓越的员工却能在这一份份平凡的工作和一件件不起眼的小事中,从准备做起,从点滴做起,显示出了个人的非凡能力和无穷魅力。

相反,每个企业也总会有些员工,天天想着怎么尽快出成绩,怎么一下子就干出点惊天动地的大事,好让人刮目相看,但却往往忽略了对工作中细节的准备。这也正是他们与卓越的员工之间的差距所在。

## 千万不要在小事上忽视了准备

一个几百年前发生的小故事也说明了这个道理——无论要做的事有多

么小、多么不起眼,都万万不能忽视了准备,否则就有可能付出极其惨痛的代价。

国王理查三世和他的对手里奇蒙德伯爵亨利要决一死战了,这场战斗将决定谁统治英国。

战斗进行的当天早上,理查派了一个马夫去备好自己最喜欢的战马。

"快点给它钉掌,"马夫对铁匠说,"国王希望骑着它打头阵。"

"你得等等,"铁匠回答,"我前几天给国王全军的马都钉了掌,现在我得找点儿铁片来。"

"我等不及了。"马夫不耐烦地叫道,"国王的敌人正在逼近,我们必须在战场上迎击敌兵,有什么你就用什么吧。"

铁匠埋头干活,从一根铁条上弄下四个马掌,把它们砸平、整形,固定在马蹄上,然后开始钉钉子。钉了三个掌后,他发现没有钉子来钉第四个掌了。

"我需要一两个钉子,"他说,"得需要点儿时间砸出两个。"

"我告诉过你等不及了,"马夫急切地说,"我听见军号了,你能不能凑合一下?"

"我能把马掌凑合着钉上,但是不能像其他几个那么牢实。"

"能不能挂住?"马夫问。

"应该能,"铁匠回答,"但我没把握。"

"好吧,就这样,"马夫叫道,"快点,要不然国王会怪罪到咱们俩头上的。"

两军开始交战了,理查国王冲锋陷阵,鞭策士兵迎战敌人。"冲啊,冲啊!"他喊着,率领部队冲向敌阵。远远地,他看见战场另一头几个自己的士兵退却了。如果别人看见他们这样,也会后退的,所以理查策马扬鞭冲向那个缺口,召唤士兵调头战斗。

他还没走到一半,一只马掌掉了,战马跌翻在地,理查也被掀在地上。

国王还没有再抓住缰绳,惊恐的战马就跳起来逃走了。理查环顾四周,他的士兵们纷纷转身撤退,敌人的军队包围了上来。

他在空中挥舞宝剑,"马!"他喊道,"一匹马,我的国家倾覆就因为这一匹马。"

　　他没有马骑了,他的军队已经分崩离析,士兵们自顾不暇。不一会儿,敌军俘获了理查,战斗结束了。

　　从那时起,人们就说:

　　少了一个铁钉,

　　丢了一只马掌;

　　少了一只马掌,

　　丢了一匹战马;

　　少了一匹战马,

　　败了一场战役;

　　败了一场战役,

　　失了一个国家。

　　所有的损失都是因为少了一个马掌钉。

　　这个著名的传奇故事出自已故的英国国王理查三世逊位的史实,他1485年在波斯战役中被击败。而莎士比亚的名句:"马,马,一马失社稷。"使这一战役永载史册,同时也告诉了我们这样一个道理,虽然只是少了一颗钉子的准备,却带来了巨大的危险。

　　准备是不分大小的,不要认为一颗钉子的作用不大,而不去准备。每一件惊天动地的事物都是由千千万万的小事组成的,其中只要有些许失误,就有可能导致前功尽弃。

　　记住,千万不要在小事上忽视了准备。

　　是否关注细节,这是普通员工与卓越员工的分水岭。

魔力悄悄话

　　在工作中,对于小事、细节尤其要做好准备工作。正因为它小,才容易被忽视;正因为它细,才更容易出纰漏。在小事上多下点功夫,在细节上多做些准备,才能立于不败之地。

# 每天多准备百分之一

《礼记·大学》中有段话："苟日新,日日新,又日新。"老子在《道德经》中说:"合抱之木,生于毫末,九层之台,起于累土,千里之行,始于足下。"

这些古老的中国经典文化说明一个道理:量变积累到一定程度就会发生质变。所以说,不要幻想自己能突然脱胎换骨,马上就能成为一个卓越的员工。要知道,从平凡到优秀再到卓越并不是一件多么神奇的事,你需要做的就是,每天进步一点点。

让自己进步的方法有很多。但见效最快的就是:每天多准备百分之一。

假如你看到体重达8600公斤的大鲸鱼,跃出水面6.60米,并向你表演各种杂技,你一定会发出惊叹。确实有这么一只创造奇迹的鲸鱼,它的训练师披露了训练的奥秘。

在开始时,他们先把绳子放在水面下,使鲸鱼不得不从绳子上方通过,每通过一次,鲸鱼就会得到奖励。渐渐地,训练师会把绳子提高,只不过每次提起的高度都很小,这样才不至于让鲸鱼因为过多的失败而感到沮丧。就这样,随着时间的推移,这只鲸鱼竟在不知不觉中跃过了6.60米的高度。

就像这只鲸鱼一样,每一个卓越员工的经历虽然各有不同,但总有一点是相同的,那就是他每天的工作总比别人多一些准备,哪怕只多百分之一。有一句古老的谚语说:"事情就怕加起来。"正是这一个个百分之一的相加,才造就了非常可观的成就。

你在为即将进行的工作做准备时,不论考虑得多么周全,准备得多么充分,在工作的开展过程中却不免会有意外的出现,这个意外也许相对于整体来说,比重并不大,但事情的成败与否,往往就在此一举。这就像"酒与污水法则"告诉我们的一样,一滴酒滴入污水中,污水还是污水,而一滴污水滴入酒中,则酒就变成了污水。当你所有的准备工作无法换来成果时,你一定会诅咒那个看起来很小却毁了全部的意外,而这个小小的意外其实只需要你在做准备时多做百分之一,即可以避免。

事情往往就是这样,问题总是出现在你缺少百分之一准备工作时,它令你措手不及,以至为后来的失败埋下了祸根。如果你能坚持每天多做一点准备的话,渐渐地,你就会发现在自己身上发生了惊人的变化:工作效率提高了,工作能力增强了,上司越来越喜欢把重要的任务交给你。不知不觉中,你已经成了身边同事羡慕和嫉妒的对象,就像从前你羡慕那些非常卓越的同事一样。

下面我们可以来看一个小故事。

纽约的一家公司不出意料地被一家法国公司兼并了,在兼并合同签订的当天,公司新的总裁就宣布:"我们不会随意裁员,但如果你的法语太差,导致无法和其他员工交流,那么,我们不得不请你离开。这个周末我们将进行一次法语考试,只有考试及格的人才能继续在这里工作。"散会后,几乎所有人都拥向了图书馆,他们这时才意识到要赶快补习法语了。只有一位员工像平常一样直接回家了,同事们都认为他已经准备放弃这份工作了。令所有人都想不到的是,当考试结果出来后,这个在大家眼中肯定是没有希望的人却考了最高分。

原来,这位员工在大学刚毕业来到这家公司之后,就已经认识到自己身上有许多不足,从那时起,他就有意识地开始了自身能力的储备工作。虽然工作很繁忙,但他却每天坚持提高自己。作为一个销售部的普通员工,他看到公司的法国客户有很多,但自己不会法语,每次与客户的往来邮件与合同文本都要公司的翻译帮忙,有时翻译不在或兼顾不上的时候,自己的工作就要被迫停顿。因此,他早早就开始自学法语了。同时,为了在和客户沟通时能把公司产品的技术特点介绍得更详细,他还向技术部和产品开发部的同事们学习相关的技术知识。

这些准备都是需要时间的,他是如何解决学习与工作之间的矛盾呢?就像他自己所说的一样:"只要每天记住 10 个法语单词,一年下来我就会3600 多个单词了。同样,我只要每天学会一个技术方面的小问题,用不了多长时间,我就能掌握大量的技术了。"

如果你是个有创意的员工,你应该明白仅仅是全心全意、尽职尽责是不够的,还应该在工作中比别人多准备些。虽然表面上看来,你没有义务要做自己职责范围以外的事,但是如果你选择自愿去做,这样反而会驱策自己快速前进。这种态度是一种极珍贵、备受领导看重的素养,它能使人变得更加敏捷,更加积极。无论你是管理者,还是普通职员,"每天多准备百分之一"的工作态度能使你从竞争中脱颖而出。你的企业、上司、同事和顾客会关注你、信赖你,从而给你更多的机会。

当然,这也许会占用你一些私人时间,但是,你的行为会使你赢得良好的声誉,并增加他人对你的需要。卡洛·道尼斯先生最初为杜兰特工作时,职务很低,现在已成为杜兰特先生的左膀右臂,担任其下属一家公司的总裁。之所以能如此快速升迁,秘密就在于"每天多准备百分之一"。

有几十种甚至更多的理由可以解释,你为什么应该养成"每天多准备百分之一"的好习惯,尽管事实上很少有人这样做。其中有两个最主要的原因:

第一,在养成了"每天多准备百分之一"的好习惯之后,与四周那些尚未养成这种习惯的人相比,你已经具有了优势。这种习惯使你无论从事什么行业,都会有更多的人指名道姓地要求你提供服务。

第二,如果你希望将自己的右臂锻炼得更强壮,唯一的途径就是利用它来做最艰苦的工作。相反,如果长期不使用你的右臂,让它养尊处优,其结果就是使它变得更软弱甚至萎缩。

如果你能做一点分内工作以外的事,那么,这不仅能彰显你勤奋的美德,而且能帮助你发展一种超凡的技巧与能力,使你自己具有更强大的生存力量,从而进入卓越员工的行列。社会在发展,公司在成长,个人的职责范围也随之扩大。"这不是我分内的工作"再也不应该是你推脱的理由。当额外的工作分配到你头上时,不妨视之为一种机遇。

提前上班,别以为没人注意到,老板的眼睛可是雪亮的。如果能提早一点到公司,就说明你十分重视这份工作。每天提前一点到达,可以对一天的工作做个规划,当别人还在考虑当天该做什么时,你已经走在别人前面了!

如果不是你的工作,而你做了,这就是机会。有人曾经研究为什么当机会来临时我们无法把握,因为机会总是乔装成"问题"的样子。当顾客、同事或者老板交给你某个难题,也许正是为你创造了一个珍贵的机会。对于一个卓越的员工而言,公司的组织结构如何,谁该为此问题负责,谁应该具体完成这一任务,都不是最重要的,在他心目中唯一的想法就是如何将问题解决。

如果你一直坚持"每天多准备百分之一",你会发现它能给你带来巨大的收获。对艾伦一生影响深远的一次职务提升就是来自这样的一件小事。

一个星期六的下午,一位律师(其办公室与艾伦同在一层楼)走进来问他,哪儿能找到一位速记员来帮忙,因为他手头有些工作必须当天完成。

艾伦告诉他,公司所有速记员都去观看球赛了,如果晚来5分钟,自己也会走。但艾伦同时表示自己愿意留下来帮助他,因为"球赛随时都可以看,但是工作必须在当天完成"。

做完工作后,律师问艾伦应该付他多少钱。艾伦开玩笑地回答:"哦,既然是你的工作,大约1000美元吧。如果是别人的工作,我是不会收取任何费用的。"律师笑了笑,向艾伦表示谢意。

艾伦的回答不过是一个玩笑,他没有真正想得到1000美元。但出乎艾伦意料,那位律师竟然真的这样做了。6个月之后,在艾伦已将此事忘到了九霄云外时,律师却找到了艾伦,交给他1000美元,并且邀请艾伦加入自己公司工作,薪水比现在高得多。

另一位成功人士的经历也是如此。他说:

50年前,我开始踏入社会谋生,在一家五金店找到了一份工作,薪水仅仅可以勉强糊口。有一天,一位顾客买了一大批货物,有铲子、钳子、马鞍、盘子、水桶、箩筐等等。这位顾客过几天就要结婚了,提前购买一些生活和劳动用具是当地的一种习俗。货物堆放在独轮车上,装了满满一车,骡子拉起来也有些吃力。送货并非我的职责,而完全是出于自愿,我为自己能运送如此沉重的货物而感到自豪。

一开始一切都很顺利,但是,一不小心车轮陷进了一个不深不浅的泥潭里,使尽吃奶的劲都推不动。一位心地善良的商人驾着马车路过,用他的马拖起我的独轮车和货物,并且帮我将货物送到顾客家里。在向顾客交付货物时,我仔细清点货物的数目，一直到很晚才推着空车艰难地返回商店。我为自己的所作所为感到高兴，但是，老板却并没有因我的额外工作而称赞我。

第二天，那位商人将我叫去，告诉我说，他发现我工作十分努力，热情很高，尤其注意到我卸货时清点物品数目的细心和专注。因此，他愿意为我提供一个职位，薪水是当时足以使我晕倒的天文数字。我接受了这份工作，并且从此走上了致富之路。

不要为多付出的那一点，斤斤计较。人的能力是无限的，你完全可以多想想"我还能做些什么"？一般人认为，忠实可靠、尽职尽责完成分配的任务就可以了，但这还远远不够，尤其是对于那些想成为卓越员工的人来说更是如此。要想取得成功，必须多做些准备。一开始我们也许从事秘书、会计和出纳之类的事务性工作。难道我们要在这样的职位上做一辈子吗？卓越者之所以卓越，正是因为他们除了做好本职工作以外，还要做一些不同寻常的事情来培养自己的能力，引起人们的关注。

如果你是一名货运管理员，也许可以在发货清单上发现一个与自己的职责无关的未被发现的错误；如果你是一个过磅员，也许可以质疑并纠正磅秤的刻度错误，以免公司遭受损失；如果你是一名邮差，除了保证信件能及时准确到达，也许可以做一些超出职责范围的事情……这些工作也许不是你的事，是专业技术人员的职责，但是如果你做了，就等于播下了成功的种子。记住了吗？每天多准备百分之一！

把每一件简单的事做好就是不简单；把每一件平凡的事做好就是不平凡。

**魔力悄悄话**

你要坚信这个道理：付出的总会有回报。也许你的投入无法立刻得到相应的回报，也不要气馁，应该一如既往地多付出一点。回报可能会在不经意间，以出人意料的方式出现。你付出的努力如同存在银行里的钱，当你需要的时候，它随时都会为你服务。

# 准备充足才能走的远

走在最前面的,总是那些有准备的人。

不管你是否承认,现在的社会已经成为一个处处存在着竞争的社会。在这个大环境下,只有有准备的人才能脱颖而出,只有有准备的企业才能走在前面。


两个人走在森林里,遇到了一只老虎。其中一个人马上从背后取下一双更轻便的运动鞋换上。另外一个人非常着急,喊道:"你干嘛呢,再换鞋也跑不过老虎啊!"

换鞋的人却喊道:"我只要跑得比你快就行了。"

这个换鞋的人是非常聪明的,他知道,在两个人竞争只有一个人有活命机会的时候,只有跑在前面的人才能获得生存的机会,这就需要给自己准备一双便于奔跑的鞋。


## 在企业"新陈代谢"之前做好充分的准备

在企业新陈代谢之前做好充分的准备,这是保持基业长青所必需的手段。

对于一个企业来说,高层管理者的突然变动往往会对企业造成很大的影响。骤然失去将军的队伍可能会变得军心涣散,人心惶惶,而没有得力的管理者的企业就会出现各个方面的问题,包括企业利润下滑甚至倒闭破产。因此,企业提前做出相应的人力资源准备,无疑是最明智的做法。

2004年4月19日,麦当劳CEO坎塔卢波因心脏病突发而去世。彼时,麦当劳的全球加盟商大会正要开幕,1.2万名麦当劳员工、供应商和全球加盟商汇聚一堂,等待着坎塔卢波的出现。

紧要关头,领袖猝死,这样的突变对一个公司可能产生致命的打击。不过,由于董事会和坎塔卢波生前所做的准备,麦当劳经受住了这场打击而且表现尚佳。

坎塔卢波是麦当劳的第五任CEO,了解坎塔卢波的人说,他对于公司内部管理的丰富知识使他成为最优秀的CEO之一。

死讯传出,董事会迅速召开。在6个小时之后便做出决定:查理·贝尔被指定为首席执行官的继任者。这个43岁的澳洲人是坎塔卢波生前亲自选定的首席运营官,他也早已被麦当劳内部视为CEO的当然接班人。这名麦当劳内部培养出的管理者15岁时就加入了麦当劳,从麦当劳帝国的最基层一步步走过来的经历让贝尔熟悉麦当劳的所有业务,包括如何加热一只汉堡。

在奥兰多大会上,查理·贝尔出现在坎塔卢波的位置上,他宣布了前任的死讯,并代替坎塔卢波向大会致词。麦当劳的成员和同盟表现出了相当的镇定,因为贝尔的接任本是意料中的事。在过去的几年中,贝尔的表现也已显示出他出色的管理和运营能力,贝尔的适时继任则让麦当劳轻松地化解了因突然失去领袖而陷入的恐慌。由此可见,坎塔卢波生前的准备工作成效现在开始显现了。

一项全美的人力资源调查显示,人力资源危机目前已成为困扰企业最大的问题,大多数企业都不知不觉地在这方面埋下了隐患。

在一个原始森林里,执掌森林王国的狮王渐渐衰老了,狐狸劝它赶快给这个王国指定一个接班人,以免当它出现什么意外的时候无接班人能够控制局势。狮王对这个建议非常恼火,认为狐狸一定有什么不可告人的目的,狠狠地把它惩罚了一顿。于是,再也没有谁敢在狮王面前提类似的建议了。

一天,森林王国召开联欢会,猴子向狮王表演了一段新编的舞蹈,它那滑稽的动作把狮王逗得哈哈大笑,好像病痛也减轻了几分。

但是,随着身体状况逐渐衰老,狮王已经不能再管理森林王国的日常事务了。环顾四周,它突然发现身边连一个可以委以重任的动物都没有。现在,它开始后悔没有早听狐狸的话了。森林王国不能没有管理者,无奈之下,狮王只得把王位留给了那只会跳舞的猴子,毕竟,这是狮王印象最深的动物了。

猴子登上王位以后,闹了不少笑话。它熟悉的生活是在一棵又一棵树之间跳来跳去,现在让它管理整个王国,比要了它的命还难受。一没有能力,二没有权威,猴子掌管下的王国乱成了一锅粥,最终被邻近的其他王国吞并了。

狮子真糊涂,猴子怎么能当大王呢? 自己辛辛苦苦建立的王国,就这样毁在了接班人手里。如果在身体还健康的时候,狮子就重视这个问题,早点物色和培养真正具有潜质的动物,即早做准备的话被吞并的灾难也就不会发生了。

一个企业的管理者决定着这个企业的命运,关乎企业的生死存亡,所以每个现任的管理者都会对寻找下一位接任者非常重视。但仅仅是重视是不够的,还要有充足的考查准备过程才能真正了解一个人适合不适合领导这个企业。许多企业都存在着欠缺处理人力资源危机的能力,仅有少数企业能注重准备培养高层管理人员的"接班人"。

在选择"接班人"这个问题上,美国的 GE 公司和王安计算机公司不同的命运值得人们深思。

GE 公司光辉业绩的主要创造者是执掌 GE 公司的董事长、总裁要职长达 18 年之久的杰克·韦尔奇。

现在已被无数企业家奉为圭臬的杰克·韦尔奇无疑是有能力的,但杰克·韦尔奇的启用和成功却与他的前任雷吉·琼斯有着千丝万缕的联系。

雷吉·琼斯花了 7 年的时间来物色和考察韦尔奇,这 7 年,任用韦尔奇,是 GE 公司历史上最成功的决策。这 7 年的遴选准备工作,为 GE 公司后来的成功奠定了基础,谱写了 GE 公司历史上最辉煌的乐章。

1974 年,琼斯担任 GE 公司的董事长才 3 年,但他已经着手挑选自己的继任人了。这个时候他才 57 岁,离 65 岁退休还有 8 年的时间。但他的深思远虑促使他把挑选接班人的工作提到了议程,他想提早做出准备。

琼斯要找一位能让 GE 公司更加壮大的继任人。他认为经过先期的认真挑选与考查，一定会找到一个满意的接班人。

有了这样一个想法，琼斯开始了选择接班人的准备工作。对于继任人，琼斯的脑子里并没有一个现成的合适人选。于是，他要求人事部门给他准备一份名单。但他的要求被委婉地拒绝了，人事部门认为这至少也应该是10 年之后的事情。在琼斯的强烈要求下，人事部门不得不提供了一份含有多名候选人的名单。这个时候，琼斯发现名单上少了一个应该有的人，那就是负责塑料企业的杰克·韦尔奇。

人事部门的人看法却不同，他们说韦尔奇好闹独立，为人特别，而且当时只有 39 岁，太嫩了点。在这种时候，琼斯只得以命令的方式把韦尔奇加入候选人的圈子里。经过各种考虑，候选人最后减少到了 11 位，韦尔奇仍在其中。

经过 3 年的考察，各位候选人在琼斯心目中的形象也清晰了。为了进一步地了解候选人相互之间的印象和自己对他们的感觉，琼斯实施了他的"机舱面试"。

1978 年元旦过后，他把候选人一个个请进了办公室，从谈话中了解有关候选人合作的可能性和对其他候选人的想法。每当一位候选人走进他的办公室时，琼斯都会把门关上，点上烟斗，示意交谈者放松。然后开始说出一个公式般的问题："假设，你和我现在乘着公司的飞机旅行，这架飞机坠毁了，谁该继任 GE 公司的董事长？"

韦尔奇是怀着忐忑不安的心情在意料之外被召去接受"机舱面试"的。根据要求，韦尔奇写下了 3 个董事长的候选人姓名，其中包括了后来成为他董事会和 Tfantian.com（踢翻天电子书库）一员的胡德、伯林盖姆和他本人。

"谁最有资格？"琼斯问。

韦尔奇想都没想，说："这还用问吗？当然是我了。"

他们都忘了，这个时候，他已经和琼斯在旅行中"坠机遇难"了。这次谈话使琼斯对韦尔奇更加欣赏了。

3 个月后，琼斯把候选人压缩到了 8 个人，并让他们接受了第二轮的"机舱面试"。当然，问题做了改变。

"这次，我们两个还是乘同一架飞机，但是，飞机坠毁后，我死了，而你却很幸运地活了下来。你说，谁该来做公司的董事长？"琼斯要求列出 3 名候选人。

这次，最令琼斯高兴的是，他最中意的 3 位候选人——韦尔奇、胡德和伯林盖姆，各自在 3 名董事长候选人的名单中都包含了另外两位。这时，他心目中的继任人已经选定了杰克·韦尔奇。

为了让董事会认识韦尔奇，他让韦尔奇、胡德和伯林盖姆都进入了董事会。

经过一段时间的考察，1980 年 11 月，琼斯让人事部门提交了包括聪明才智、吃苦耐劳、自我管理、同情心在内的 15 项测评结果，韦尔奇的分数位居第一。这时，不仅琼斯，GE 公司的其他 19 名董事都同意推举韦尔奇为下一任 GE 董事长。继任后的韦尔奇使 GE 公司的业务蒸蒸日上，果然没有辜负琼斯的厚望。

相比之下，王安计算机公司的董事长王安在挑选接班人的问题上就犯了一个现在仍然有很多人在重复着的错误。

王安是美籍华人，自幼聪明非凡，先后就读于上海交通大学、哈佛大学，于 1948 年获哈佛博士学位。不久，他发明"磁芯记忆体"，大大提高了计算机的贮存能力。1951 年，他创办王安实验室。1956 年，他将磁芯记忆体的专利权卖给国际商用机器公司，获利 40 万美元。雄心勃勃的王安并不满足于安逸享乐，对事业的执着追求使他将这 40 万美元全部用于支持研究工作。1964 年，他推出最新的用电晶体制造的桌上计算机，并由此开始了王安计算机公司成功的历程。

王安公司在其后的 20 年中，因为不断有新的创造和推陈出新之举，使事业蒸蒸日上。如 1972 年，公司研制成功半导体的文字处理机。两年后，又推出这种计算机的第二代，成为当时美国办公室中必备的设备。对科研工作的大量投入，使公司产品日新月异，迅速占领了市场。这时的王安公司，在生产对数计算机、小型商用计算机、文字处理机以及其他办公室自动化设备上，都走在了时代的前列。

至 1986 年前后，王安公司达到了它的鼎盛时期，年收入达 30 亿美元，在美国《幸福》杂志所排列的 500 家大企业中名列 146 位，在世界各地雇佣了 3 万员工。而王安本人，也以 20 亿美元的个人财富跻身美国十大富豪之列。

1985 年以前王安公司的增长率一直都在 35% 以上,而到了 1985 年,增长率却突然降到了 8%,利润萎缩到 1600 万美元,到了 1990 年王安公司不得不申请破产保护。王安公司的由盛至衰的原因是多方面的,但王安在选用接班人问题上没有长远准备是最大的原因。

本来王安是最主张唯才是举的,王安公司在鼎盛时期确实集中了美国一群最优秀的科技、管理人才。但王安毕竟受东方文化的影响比较深,在其快退休的时候,他却改变了主意,转而扶植自己的两个儿子,以实现将王安公司控制在王氏家族手中的愿望。在这一点上,可谓是王安的最大失误。

1986 年,王安不顾众人的反对,断然将王安公司传给了自己的儿子王列,王列没有什么经商的才能,表现令人失望。

虽然大儿子不尽如人意,但王安的家族观念还是没有改变,他又安排自己的另外一个儿子担任了公司的副总经理。这种人事上的变动,在企业内引起很大反映,王安手下的两名得力干将先后离去,他们都是在产品开发和销售上富有经验的人。一大批高层管理人员也纷纷效法,另谋高就,企业凝聚力大减。

王列掌管下的公司很快衰败,出现亏损,两年后亏损额达到 4.2 亿美元,负债 10 亿美元,王安这时才认识到问题的严重性。为了挽救局面,他不得不亲自出面让儿子辞职,另选贤人。但为时已晚,公司处境继续恶化,到 1990 年不得不申请破产保护,王安本人也于同年病逝。

可以说,王安博士对公司的发展缺乏长远的眼光与准备,只局限于家族的小圈子里,最终走向了衰败。可以说,是对接班人准备的失误,导致了公司的失败。这和琼斯用 7 年时间选择自己接班人的谨慎态度形成了鲜明的对比,所以结局也有着天壤之别。

企业挑选接班人,是建立百年企业永续经营最重要的一个环节,是企业基业长青的保障。选对接班人,可以持续繁荣。就像 GE 电气公司一样,多年的准备挑选了接班人,使企业迅速跻身于世界前列之中。而仓促盲目地指定接班人,庞大的商业帝国就会烟消云散。这足以证明提前准备一个合格的接班人有多么重要。

## 事前多一分准备，事后少一分风险

在很久以前，一个村庄的几头猪逃跑了。它们逃进了附近的一座山上。经过几代以后，这些猪变得越来越凶悍，甚至胆敢威胁经过那里的人。几位经验丰富的猎人很想捕获它们，但这些猪狡猾得很，从不上当。

一天，一个老人领着一匹拖着两轮车的毛驴，走进野猪出没的村庄。车上装的是木料和谷粒。老人告诉当地的居民，说他能捉到野猪。人们都嘲笑他，因为没有人相信老人能做到那些猎人做不到的事。但是，两个月以后，老人又回到村庄，告诉村民，野猪已经被他关在山顶的围栏里了。

人们都很好奇这个老人是怎么捕到这些猪的，于是他向居民解释：

"我做的第一件事，就是去找野猪经常出来吃东西的地方，然后就在空地中间放少许谷粒作为诱饵。那些猪起初吓了一跳，最后，还是好奇地跑来。一头老野猪尝了一口，其他野猪也跟着吃，这时我就知道能捕到它们了。第二天我又多加了一点谷粒，并在几尺远的地方竖起一块木板。那块木板像幽灵一样，暂时吓退了它们，但是谷粒很有吸引力，所以不久以后，它们又回来吃了。当时野猪并不知道，它们已经是我的猎物了。此后，我要做的就是每天在谷粒旁边多竖立几块木板而已，直到我的陷阱完成为止。每次我加几块木板时，它们都会远离一阵子，但最后都会再来吃。围栏做好了，陷阱的门也准备好了，不劳而获的习惯使它们毫无顾忌地走进围栏。就这样，它们成了我的猎物。"

经验丰富的猎人所做不到事情，被一个能够耐心做准备的老人做到了。看来，有些事情并不像我们想象的那样困难，关键是在行动之前，你都做了些什么。

近来一个比较时髦的概念就是战略，尤其对一些企业家来说，战略已经被提高到"决定成败""攸关输赢""改变命运"的高度。战略确实很重要，但是，再完美的战略在执行时也需要充分的准备来做基础，准备是战略能否实现的前提。

下面这个关于迪斯尼公司进军欧洲市场的案例，就充分地展示了准备和战略之间的关系。

当时，刚刚在美国和日本取得空前成功的迪斯尼公司制定了一个覆盖全球的总体战略，决定在欧洲修建一个大型的迪斯尼乐园。这是一个很大胆但又蕴藏着丰厚利润的战略，现在看来似乎并没有什么方向性的错误，但在实施这个战略时对准备的漠视却使迪斯尼公司遭遇了灭顶之灾。

由于之前在美国本土和日本取得的成功，迪斯尼的市场开发人员天真地认为，只要把现成的经营模式直接套用过去就行了，没有必要再去做什么市场调研，抓紧时间实施这一伟大的战略才是最重要的。

于是，他们很快就像公司的决策者们提供了一份激动人心的报告。新修建的迪斯尼乐园预计总投资 44 亿美元，占据巴黎以东 2000 多公顷的土地，建设超豪华的餐厅和宾馆……这份报告的依据是这样的：

欧洲的人口比美国要多得多，美国每年都有 4100 万人来光顾迪斯尼乐园，按同比例计算，新建的乐园每年应该接纳 6000 万游客才合理。同时，由于欧洲人休假的时间比美国人长，他们一定会在这里多停留一段时间，高档的宾馆和餐厅当然是必不可少的。

可惜，这一切只是他们天真的臆断而已，这些数字的计算并没有建立在充分的市场调研的基础上。没有准备的猜测只能把企业决策者的目光引向歧途。

新乐园建成以后，迪斯尼马上就遭受到忽视准备的惩罚。从 1992 年 4 月开业以来，尴尬的经营状况就使最善于制造幽默的他们再也幽默不起来了。

第一，他们没有预料到，富有的欧洲人竟然非常节俭。到乐园来的游客中，许多人自带食物，根本不在乐园吃住，他们对乐园的餐厅宾馆视而不见。就是住宾馆的人，也不像美国佛罗里达迪斯尼世界的游客那样，一住就是 4 天，他们最多只会住 2 天，许多游客一大早来到公园，晚上在宾馆住下，第二天早上就结账，然后再回到公园进行最后的探险。迪斯尼乐园的门票是 42.25 美元，宾馆一个房间一晚是 340 美元，相当于巴黎最高等级的宾馆价格。如此高昂的价格，让节俭的欧洲人望而却步。他们宁愿以减少游览时间来节约成本。这样，就形成了恶性循环。时间的缩短不仅使宾馆的收入减少了，同时也影响了其他部门的收入。

第二,他们不仅不了解欧洲人的节俭,更不了解欧洲文化。

最开始,迪斯尼公司禁止游客在乐园内饮酒,可是欧洲人午餐和晚餐都有喝酒的习惯,因为这个原因,使许多欧洲人放弃了参观计划。最后,迪斯尼公司只得被迫取消这个规定。

在经营时间上,他们因为没有进行必要的调查与研究,也出现了失误。他们盲目地认为,星期一应该比较轻松而星期五应该比较繁忙,所以就相应地安排了员工的工作时间与休息时间。但是因为欧洲人的作息时间与美国不同,所以情况却和预计的刚好相反。

另外,迪斯尼公司发现游客有高峰期和低谷期,而且两者间的人数相差10倍,但由于法国有关于非弹性时间的规定,他们不能在游客低谷期减少雇佣的员工,这样就大大地增加了费用支出。

还有,他们误以为欧洲人不吃早餐。一个迪斯尼的员工回忆说:"我们听说欧洲人不吃早餐,因此我们缩减了早餐的供应规模,可是我们却发现每个人都需要一份早餐。我们每天只准备350份早餐,但却有2500份的需求量,购买早餐的队伍排得好长。"一个如此大型的游乐园却因为早餐的供应而排起长长的队伍,这不能不说是一个重大的失误。

尽管迪斯尼乐园的欢声笑语每天都在重复着,尽管每个月都吸引近100万名游客来观光,尽管巴黎迪斯尼是欧洲人花费最大的游乐园,但是,原来想象中的利润却始终没有出现,反倒出现了一连串触目惊心的数字:

到1993年9月30日,迪斯尼乐园已经亏损了9.6亿美元。

到1993年12月底,累计已经损失了60.4亿法国法郎。

到第二年春天,迪斯尼公司不得不再筹借大量资金来挽救欧洲的迪斯尼乐园,但收效并不明显。

不仅如此,这个几近倒闭的乐园还面临着沉重的利息负担。44亿美元的总投资中仅有32%是权益性投资,有29亿美元是3&60家银行贷来的,并且贷款利率高达11%。因此,企业已不能靠经营来弥补由于利率上升而增加的管理费用,与银行之间的债务重组、提供新贷款的交涉也变得十分艰难了。如此尴尬的境地,让迪斯尼公司进退两难。

就这样,一个原本被寄予厚望的宏伟战略因为市场开发人员对准备的忽视而宣告失败,这确实使人感到遗憾。

但是,这个战略的失败是它本身有多么严重的瑕疵吗?其实不然。要知道,任何能够成功实现的战略,都应该落实到实施时的准备工作当中。将所有的战略、决策、行动都建立在充分准备的基础上,这才是见效最快的管理理念。

在任何一家企业和工厂,都有一些常规性的调整过程。公司负责人经常送走那些无法对公司有所贡献的员工,同时也吸纳新的成员。无论业务如何繁忙,这种整顿一直在进行着。那些已经无法胜任工作、缺乏才干的人,都被摒弃在企业的大门之外,只有那些最能干的人,才会被留下来。

这种被淘汰的风险,是我们每一个人都非常关注也都感到非常困惑的问题。应对这种风险最基本的方法就是准备,准备工作多做一分,相应的风险就会减少一分。这就要求我们无论对待任何事情都必须具有"万一……怎么办"的意识,做到凡事都未雨绸缪、预做准备,从而减少风险发生的概率。与之相对应的是,你所做的准备越少,承受的风险就会越大。这个道理在自然界早已得到了很好的印证。

在一望无际的大草原上,一匹狼吃饱了,安逸地躺在草地上睡觉,另一匹狼气喘吁吁地从它身边经过,焦急地说:"你怎么还躺着,难道你没听说,狮子要搬到咱们这里来了,还不赶快去看看有没有别的地方适合咱们居住。"

"狮子是我们的朋友,有什么可怕的,再说这里的羚羊这么多,狮子根本吃不完,别白费力气了。"躺着的狼若无其事地说。那匹狼看自己的劝说没有效果,只好摇摇头走了。

后来,狮子真的来了,虽然只来了一只,但由于狮子的到来,整个草原上羚羊的奔跑速度变得快极了,这匹狼再也不像从前那样轻而易举就能获得食物了。当它再想搬到别处去时,却发现食物充足的地方早已经被其他动物捷足先登了。

这个故事告诉我们,危险无处不在,唯有踏踏实实地做好准备,才是真正的生存之道。否则,当你醒悟过来的时候,危险早已经降临到你的头上了。

也许有人会说,有些事情是我们个人的力量所无法控制的,对于这些事情,做再多的准备也没有用。我想提醒有这种想法的人,虽然你无法控制危险的发生,但可以凭借充分的准备来减少甚至避免危险所造成的损失。

就像遭遇到自然灾害一样,虽然你无力改变,但有没有准备的后果却截然不同。

在古老的地球上,生活着种类繁多的爬行动物,有恐龙,也有蜥蜴。一天,蜥蜴对恐龙说,发现天上有颗星星越来越大,很有可能要撞到我们。恐龙却不以为然,对蜥蜴说:"该来的终究会来,难道你认为凭咱们的力量可以把这颗星星推开吗?"

灾难终于发生了。一天,那颗越来越大的行星瞬间陨落到地球上,引起了强烈的地震和火山喷发,恐龙们四处奔逃,但最终很快就在灾难中死去了。而那些蜥蜴,则钻进了自己早已挖掘好的洞穴里,躲过了灾难。

看来蜥蜴还是比较聪明的,它知道虽然自己没有力量阻止灾难的发生,但却有力量去挖洞来给自己准备一个避难所。

面对大的动荡或变革,人们的心态无非就是两种,一种是恐龙型的,一种是蜥蜴型的,但能够站在胜利彼岸的总是早有准备的蜥蜴型的人。

社会的发展、科技的更新使我们的工作和生活处在一种急速变革的时代,这种趋势是无法改变和逃避的。在这种情况下,如果你像恐龙一样不去做准备的话,被淘汰的命运就会降临到你的身上。就像下面要说的这个工人一样。

在某个钟表厂,有一位工作非常卖力的工人,他的任务就是在生产线上给手表装配零件。这件事他一干就是10年,操作非常熟练,而且很少出过差错,几乎每年的优秀员工奖都属于他。

可是后来,企业新上了一套完全由电脑操作的自动化生产线,许多工作都改由机器来完成,结果他失去了工作。原来,他本来文化水平就不高,在这10年中又没有掌握其他技术,对于电脑更是一窍不通,一下子,他从优秀员工变成了多余的人。

在他离开工厂的时候,厂长先是对他多年的工作态度赞扬了一番,然后诚恳地对他说:"其实引进新设备的计划我在几年前就告诉你们了,目的就是想让你们有个思想准备,去学习一下新技术和新设备的操作方法。你看和你干同样工作的小胡不仅自学了电脑,还找来了新设备的说明书来研究,现在他已经是车间主任了。我并不是没有给你准备的时间和机会,但你都放弃了。"

新设备、新技术、新方法能帮助企业提高 10 倍速的工作效率,这种更新换代是谁也阻止不了的。但你有没有考虑过给自己的工作能力也进行更新,从而为这种变化做好准备呢?

在这种情况下,如果你不想被你的工作所淘汰,你就要有意识地多做准备,在工作中逐步提高自己的能力,而且这种提高的速度比环境淘汰你的速度要快。

多一分准备,少一分风险。你意识到了吗?

## 准备得越充分,对自己越有利

你去买水果,卖方开口就是高价的策略,比如市场价是 8 块,卖方开价 12 块,这个时候,不熟悉市场行情的你很有可能砍到 10 块,卖方心理窃喜,一边给你称水果,一边还夸你会砍价,让你愉快地结束了这次购买。其实,在整个过程中,你一直被对方所操纵着。

你想寄一份快递,之前没有类似的经验,于是你给某家快递公司打电话,通过简单几句,对方摸出你是一个新手,于是骗你说要 20 元钱。你想了想,开始讨价还价,最后 15 元成交。当你为自己的谈判水平感到洋洋得意时,其实市场的行情也就 8 到 10 元而已,甚至更低! 只不过,你没有摸清楚行情。

如何才能避免被对方操纵呢? 在任何的谈判展开之前,准备得越充分,对自己越有利,对方就越难操纵你。

美国人就十分注重在行动前把目标方向了解清楚,不主张贸然行动。所以,他们的生意成功率较高。

美国商人在任何商业谈判前都先做好周密的准备,广泛收集各种可能派上用场的资料,甚至对方的身世、嗜好和性格特点,使自己无论处在何种局面,均能从容不迫地应付。

一次,一家美国公司与日本公司洽谈购买国内急需的电子机器设备。日本人素有"圆桌武士"之称,富有谈判经验,手法多变,谋略高超。美国人在强大对手面前不敢掉以轻心,组织精干的谈判班子,对国际行情做了充分了解和细致分析,制定了谈判方案,对各种可能发生的情况都做了预测性估计。

美国人尽管做了各种可能性预测,但在具体操作方法和步骤上还是缺少主导方法,对谈判取胜没有十足把握。谈判开始,按国际惯例,由卖方首先报价。报价不是一个简单的技术问题,它有很深的学问,甚至是一门艺术。因为报价过高会吓跑对方,报价过低又会使对方占了便宜而自身无利可图。

日本人对报价极为精通,首次报价1000万日元,比国际行情高出许多。日本人这样报价,如果美国人不了解国际行情,就会以此高价作为谈判基础。但日本人过去曾卖过如此高价,有历史依据,如果美国了解国际行情,不接受此价,他们也有理由可辩,有台阶可下。

事实上美国人已经知道了国际行情,知道日本人在放试探性的气球,于是果断地拒绝了对方的报价。日本人采取迂回策略,不再谈报价,转而介绍产品性能的优越性,用这种手法支持自己的报价。美国人不动声色,旁敲侧击地提出问题:"贵国生产此种产品的公司有几家? 贵国产品优于德国和法国的依据是什么?"

用提问来点破对方,说明美国人已了解产品的生产情况,日本国内有几家公司生产,其他国家的厂商也有同类产品,美国人有充分的选择权。日方主谈人充分领会了美国人提问的含意,故意问他的助手:"我们公司的报价是什么时候定的?"这位助手也是谈判的老手,极善于配合,于是不假思索地回答:"是以前定的。"主谈人笑着说:"时间太久了,不知道价格有没有变动,只好回去请示总经理了。"

美国人也知道此轮谈判不会有结果,宣布休会,给对方以让步的余地。最后,日本人认为美国人是有备而来,在这种情势下,为了早日做成生意,不得不做出退让。

美国人谈判成功就在于事先做足了准备，摸清了国际行情，当日本人试探性地想用高价操纵美国人之后，美国人并不直接砍价，而是旁敲侧击地告诉对方，日本国内还有其他几家公司都有同类产品，所以，你报出高价也没有用。

可见，在谈判中避免被对方操纵其实并不难，只需要像美国人一样提前准备充分即可。

## 魔力悄悄话

"21世纪什么最贵？人才！"这是影片《天下无贼》中的一句经典台词，不知大家在笑过之后有没有想到，连一个小偷都能考虑到为自己的"事业"提前准备好接班人，那我们还在等什么？